U0156463

职业教育智能制造领域高素质技术技能人才培养系列教材

智能制造生产线
装调与维护

主　编　朱秀丽　李成伟　刘培超
副主编　卢敦陆　余正泓　邓　丽
参　编　曾　琴　陈文忠　李伦多　高尉杰

机 械 工 业 出 版 社

本书以齿轮减速机智能制造生产线为载体，介绍了该生产线集成的PLC、工业机器人、机器视觉、AGV等，以及智能分拣工作站、智能组装工作站、智能检测工作站和智能仓储工作站，从智能制造生产线的组成、核心功能、机械设计、电气装配、编程调试和维护维修等方面，全面地介绍了智能制造生产线的装调与维护知识。

本书可作为高等职业教育机电一体化技术、电气自动化技术、机械制造及自动化、工业网络技术等机电类专业相关课程的教材，尤其适合理实一体化的教学模式，也可作为工业自动化工程技术人员的参考用书及应用型本科教育相关课程的教材。

为方便教学，本书植入二维码视频，配有电子课件、模拟试卷及答案等，凡选用本书作为授课教材的教师可登录机械工业出版社教育服务网（www.cmpedu.com）注册后下载配套资源。本书咨询电话：010-88379564。

图书在版编目（CIP）数据

智能制造生产线装调与维护/朱秀丽，李成伟，刘培超主编．—北京：机械工业出版社，2022.9（2024.2重印）

职业教育智能制造领域高素质技术技能人才培养系列教材

ISBN 978-7-111-71540-5

Ⅰ．①智… Ⅱ．①朱… ②李… ③刘… Ⅲ．①智能制造系统-自动生产线-安装-高等职业教育-教材 ②智能制造系统-自动生产线-调试方法-高等职业教育-教材 ③智能制造系统-自动生产线-维修-高等职业教育-教材 Ⅳ．①TH166

中国版本图书馆 CIP 数据核字（2022）第 163803 号

机械工业出版社（北京市百万庄大街22号　邮政编码100037）
策划编辑：冯睿娟　　　　　　责任编辑：冯睿娟　王　荣
责任校对：陈　越　刘雅娜　　封面设计：王　旭
责任印制：刘　媛
涿州市殷润文化传播有限公司印刷
2024 年 2 月第 1 版第 3 次印刷
184mm×260mm · 15.25 印张 · 379 千字
标准书号：ISBN 978-7-111-71540-5
定价：56.00 元

电话服务　　　　　　　　　　网络服务
客服电话：010-88361066　　　机　工　官　网：www.cmpbook.com
　　　　　010-88379833　　　机　工　官　博：weibo.com/cmp1952
　　　　　010-68326294　　　金　书　网：www.golden-book.com
封底无防伪标均为盗版　　　　机工教育服务网：www.cmpedu.com

前　言

本书从工程实际应用角度出发，选取企业的真实案例，讲解了典型智能制造生产线中涵盖的核心技术。本书以项目为主线，从简到繁，从易到难，详细阐述了智能制造生产线的组成以及各个柔性模块的核心功能，最后就生产线的核心零部件的维护做了说明。全书内容简洁实用，力求使学生学完本书后对典型的智能制造生产线有一个较为全面的认识。

本书具有以下特点：

1. 注重实用性、体现先进性、保证科学性、突出实践性、贯穿可操作性，引入 RFID 和机器视觉等新技术，充分反映了智能制造领域的新知识和新技术在实际生产中的应用。

2. 以项目的方式展开内容，以任务实施为核心，将任务书、引导问题、计划实施、评价反馈做成活页形式。内容包括课前预习、课中学习，兼顾实训、课后评价，符合认知规律。通过任务操作的方式来完成项目训练，并辅以相关知识来达到各项目的教学要求。本书共六个项目，将岗位工作任务、专项能力所含的专业知识嵌入其中，充分体现学生主体、能力本位和工学结合的理念。

3. 以"深入浅出、知识够用、突出技能"为思路，以培养学生职业能力为重点。本书内容与行业、企业实际需要紧密结合，理论联系实际，突出知识的应用性。

4. 培养学生职业能力的同时，将职业素养的培养有机地融入各个任务的素养目标中，将工匠精神融合到技能的培养中。

5. 融通多类职业技能鉴定证书、资格证书和等级证书，将职业活动和个人职业生涯发展所需要的综合能力融入本书，拓展学生就业创业能力。

6. 文字简洁、通俗易懂、以图代文、图文并茂；实操知识以表格形式呈现，逻辑清晰、形象生动，容易培养学生的学习兴趣，提高学习效果。

7. 本书配套了数字化教学资源，对教学中重点、难点，以二维码视频形式展现。

8. 为方便对照阅读和理解，本书电气图中的图形符号均保留书中所用软件 EPLAN 所生成的图形。

本书由朱秀丽、李成伟、刘培超担任主编，卢敦陆、余正泓、邓丽担任副主编，参加编写工作的有曾琴、陈文忠、李伦多、高尉杰。其中，刘培超、高尉杰编写项目 1，朱秀丽、余正泓编写项目 2；朱秀丽、卢敦陆编写项目 3；李成伟、曾琴编写项目 4；李成伟、李伦多编写项目 5；朱秀丽编写项目 6；陈文忠、邓丽负责搜集各项目相关知识，制作教学资源。全书由朱秀丽、李成伟统稿。

本书的编写得到了教学合作企业深圳市越疆科技有限公司工程技术人员的大力支持，他们对本书提出了很多宝贵意见和建议，在此表示感谢。

由于编者水平有限，书中难免存在疏漏和不妥之处，敬请广大读者和专家批评指正。

编　者

目　录

项目一

走进智能制造

项目概述

制造业正在发生一场前所未有的变革，现有一些制造行业职位将会消失，机器人、云计算和 AI 等技术会成为未来制造业的关键角色，这些技术将帮助越来越多的企业提升效益，快速生产出更高质量的产品。这种场景就是我们所说的智能制造，也是全球各国制造企业升级的方向。

那么，到底什么是智能制造？智能制造的发展现状又是怎样的？它的关键技术及典型应用又有哪些呢？接下来让我们一起走进智能制造。

知识图谱

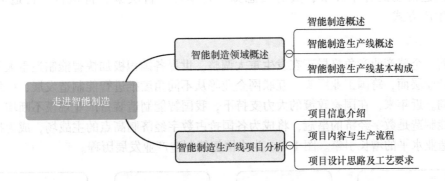

任务一　智能制造领域概述

学习情境

如果将工厂简化成一个两端开口的箱子，制造商在入口端投入原料、能源和生产资源，就能在出口端收获相应的产品。然而，在大多数制造商眼里，这个箱子却是黑色的，其中90% 左右的问题都是因为信息不透明所致。为了降本增效，打开工厂的"黑箱"，让生产制造的过程变得更加智能和透明可视，近年来世界范围内掀起一股智能制造的热潮。

学习目标

1. 知识目标

1）了解智能制造发展现状与发展趋势。

2）了解智能制造重点发展领域。

3）了解智能制造的关键技术及典型应用。

4）了解智能制造生产线的定义。

2. 素养目标

1）提高理论联系实际的能力。

2）提升查阅文献资料的能力。

本任务对应的任务书、引导问题、计划实施、评价反馈详见本书附册《智能制造生产线装调与维护技能训练活页式工作手册》，请根据教学需要完成对应任务内容。

相关知识点

一、智能制造概述

（一）智能制造的概念

随着信息化、智能化技术的不断发展融合，智能制造的内涵也在逐渐完善。根据《智能制造发展规划（2016—2020 年）》的定义，智能制造（Intelligent Manufacturing，IM）是基于新一代信息通信技术与先进制造技术深度融合，贯穿于设计、生产、管理、服务等制造活动的各个环节，具有自感知、自学习、自决策、自执行、自适应等功能的新型生产方式。

（二）智能制造发展现状与发展趋势

当前，全球产业竞争格局正在发生重大调整，世界各国积极加快智能制造重大战略政策部署。产业层面，跨国工业巨头、互联网企业等从不同角度推进智能制造发展，引发新一轮竞争热潮。近年来，在国家政策的大力支持下，我国智能制造装备产业规模不断增加。

智能制造是数字经济的皇冠，将成为各国抢占数字经济制高点的主战场，成为提升国家整体制造业水平的增长引擎。图 1-1-1 为中国智能制造产业发展历程。

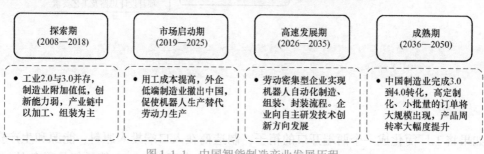

探索期 （2008—2018）	市场启动期 （2019—2025）	高速发展期 （2026—2035）	成熟期 （2036—2050）
• 工业2.0与3.0并存，制造业附加值低，创新能力弱，产业链中以加工、组装为主	• 用工成本提高，外企低端制造业撤出中国，促使机器人生产替代劳动力生产	• 劳动密集型企业实现机器人自动化制造、组装、封装流程。企业向自主研发技术创新方向发展	• 中国制造业完成3.0到4.0转化，高定制化、小批量的订单将大规模出现，产品周转率大幅度提升

图 1-1-1 中国智能制造产业发展历程

工业机器人：是先进制造业的核心技术装备，是衡量一个国家制造业水平和核心竞争力的重要标志。发达国家均把发展机器人产业作为提升制造业竞争力的主要途径。目前，新一代工业机器人正在向网络化、智能化方向发展。

网络协同创新平台：可以部分理解为工业云，即跨越空间地域限制的开放式、可拓展的协同创新平台。该平台能够集聚各种创新资源，缩短研发周期，提高响应速度、降低研发成本，同时提供技术支持、融资对接、人才培训等服务，推动新技术、新产品研发及产业化，促进用户深度参与、产业链上下游企业高度协同，充分调动各类主体的积极性和创造性，实施深度合作和迭代式创新，进而形成面向工业制造领域的万众创新。

智能工厂：适应工厂智能化的发展趋势，重点研发智能制造标准化共性关键技术，实现智能工厂共性关键技术的研发、技术的工程化和产业化。智能工厂能够提升我国工业自动化行业的整体创新水平和自主装备能力，满足国家科技创新、产业升级和转型的重大战略需求。

（三）智能制造的关键技术及典型应用

智能制造的关键核心是数字化、网络化和智能化。智能制造的关键技术及典型应用见表1-1-1。

表 1-1-1　智能制造的关键技术及典型应用

序号	关键技术	典型应用
1	射频识别技术	RFID 系统
2	视觉检测技术	智能检测与传感设备
3	增材制造	3D 打印
4	精密加工	高档数控机床
5	智能控制技术（PC－base 导航路径）	工业机器人 AGV
6	工业网络	PN 通信配置
7	数字孪生	工业软件
8	大数据＋工业云平台	物联网、人工智能

1. 射频识别技术——RFID 系统

射频识别技术（RFID）是 20 世纪 80 年代发展起来的一种新兴自动识别技术，是一项利用射频信号通过空间耦合（交变磁场或电磁场）实现无接触信息传递并通过所传递的信息达到识别目的的技术。RFID 系统是一种简单的无线系统，该系统用于控制、检测和跟踪物体。系统只有两个基本器件，由一个询问器（或阅读器）和很多应答器（或标签）组成。

在智能化生产车间中，要对参与到车间生产的任何物品的流动过程做到实时跟踪，可以利用 RFID 读写器快速地找到跟踪目标。在智能化生产车间中，每一个物品都会有相应的 RFID 电子标签，有类似身份证号码的唯一 ID 号。RFID 系统的工作过程如图 1-1-2 所示。

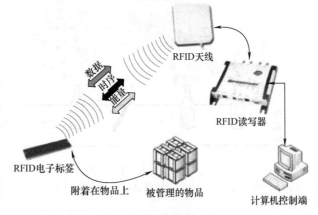

图 1-1-2　RFID 系统的工作过程

2. 视觉检测技术——智能检测与传感设备

机器视觉是工程领域和科学领域中的一个非常重要的研究领域，是一门涉及光学、机械、计算机、模式识别、图像处理、人工智能、信号处理以及光电一体化等多个领域的综合性学科。其应用范围随着工业自动化的发展逐渐完善和推广，其中母子图像传感器、CMOS 和 CCD 摄像机、DSP、ARM、图像处理和模式识别等技术的快速发展，有力地推动了机器视觉的发展。图 1-1-3 为视觉检测技术的应用。

图 1-1-3 视觉检测技术的应用

智能检测与传感设备采用 CCD 摄像机将被检测的目标转换成图像信号，传送给专用的图像处理系统，视觉检测原理如图 1-1-4 所示。视觉检测原理是根据像素分布和亮度、颜色等信息，将采集到的信号转变成数字化信号，图像处理系统对这些信号进行各种运算来抽取目标的特征，如面积、数量、位置、长度，再根据预设的相似度和其他条件输出结果，包括尺寸、角度、个数、合格/不合格、有/无等，实现自动识别功能。上位机（如 PC、PLC 等）实时获得检测结果后，指挥运动系统或 I/O 系统执行相应的控制动作（如定位、分类等），如图 1-1-5 所示。

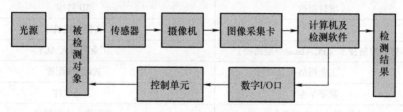

图 1-1-4 视觉检测原理

3. 增材制造——3D 打印

增材制造（Additive Manufacturing）是一系列依据零件数字模型切片数据，通过逐层材料叠加为零件的工艺统称。增材制造技术现在广泛应用于各种工业领域，以及医疗、教育、建筑、玩具、娱乐等相关行业，如图 1-1-6 所示。

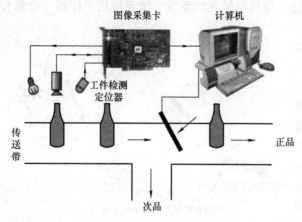

图 1-1-5 食品行业机器视觉系统检测过程

图 1-1-6 3D 打印的成品

4. 精密加工——高档数控机床

"高档"或"高端"数控机床的定义：具有高速、精密、智能、复合、多轴联动、网络通信等功能的数控机床。图 1-1-7 为高端数控机床的原理。国际上把五轴联动数控机床等高档机床技术作为一个国家工业化的重要标志。图 1-1-8 所示的是 DMG 五轴加工中心。表 1-1-2 为高、中、低档数控机床对比。

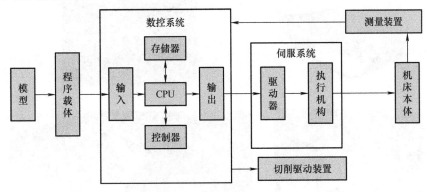

图 1-1-7　高端数控机床的原理

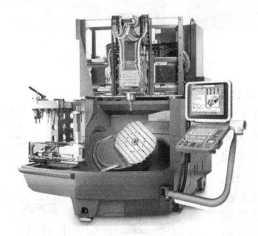

图 1-1-8　DMG 五轴加工中心

表 1-1-2　高、中、低档数控机床对比

项目	低档	中档	高档
分辨率和进给速度	10μm、8~15m/min	1μm、15~24m/min	0.1μm、15~100m/min
伺服控制类型	开环、步进电动机系统	半闭环直流或交流伺服系统	闭环直流或交流伺服系统
联动轴数	2 轴	3~5 轴	3~5 轴
主轴功能	不能自动变速	自动无级变速	自动无级变速、C 轴功能
通信能力	无	RS-232C 或 DNC 接口	MAP 通信接口、联网功能
显示功能	数码管显示、CRT 字符显示	CRT 字符显示、图形显示	三维图形显示、图形编程
内装 PLC	无	有	有
主 CPU	8 bit CPU	16 bit 或 32 bit CPU	64 bit CPU

5. 智能控制技术（PC-base 导航路径）——工业机器人 AGV

自动导引运输车（Automated Guided Vehicle，AGV）是一类轮式移动机器人。其搭载的

装备具有电磁或光学等自动引导装置，能够沿着指定的引导路径行进，可以在生产线上按照生产任务要求，自动地将物料从初始位置移动、搬运、传送到指定位置。AGV 包括肩负式、牵引式、举重式和搭载机器手臂式等，如图 1-1-9 所示。AGV 以可充电的蓄电池作为动力来源，可以通过计算机控制其行进路线和行为，利用贴于地面的电磁轨道来设立行驶路径。

a) 肩负式　　　　　　　　　　　b) 牵引式

c) 举重式　　　　　　　　　　d) 搭载机器手臂式

图 1-1-9　工业机器人 AGV 的类型

6. 工业网络——PN 通信配置

工业网络是应用于工业领域的计算机网络。具体地说是在一个企业范围内将信号检测、数据传输、处理、储存、计算、控制等设备或系统连接在一起，以实现企业内部的资源共享、信息管理、过程控制、经营决策，并能够访问企业外部资源和提供限制性外部访问，使得企业的生产、管理和经营能够高效率地协调动作，从而实现企业集成管理和控制的一种网络环境，工业网络概述图如图 1-1-10 所示。

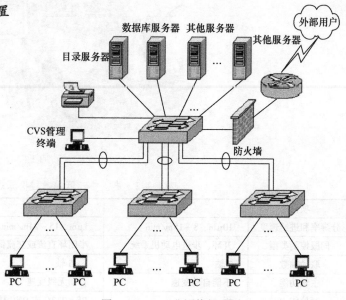

图 1-1-10　工业网络概述图

7. 数字孪生——工业软件

数字孪生，是充分利用物理模型、传感器更新、运行历史等数据，集成多学科、多物理量、多尺度、多概率的仿真过程，在虚拟空间中完成映射，从而反映相对应的实体装备的全生命周期过程。

数字孪生的实现关键在于工业软件。数字孪生模型可基于经验公式、大数据、CAD 模型，以及虚拟仿真。基于仿真的数字孪生，具有数据依赖性低、可深入洞察机理、模型成长性好、高保真等优点。基于数字孪生技术的建模与仿真不再是离线的、独立的、特定阶段存在的，而是可以与真实世界建立永久、实时、交互的链接。

8. 大数据 + 工业云平台——物联网、人工智能

大数据是指所涉及的资料量规模巨大到无法透过目前主流软件工具，在合理时间内达到撷取、管理、处理、并整理成为帮助企业经营决策更积极目的的资讯。

云计算是指 IT 基础设施的交付和使用模式，包括通过网络以按需、易扩展的方式获得所需的资源（硬件、平台、软件）。提供资源的网络被称为"云"。"云"中的资源在使用者看来是可以无限扩展的，并且可以随时获取，按需使用，随时扩展，按使用付费。这种特性经常被称为像水电一样使用 IT 基础设施。

物联网在国际上又称为传感网，是继计算机、互联网与移动通信网之后的又一次信息产业浪潮。随着信息技术的发展，物联网行业应用版图不断增长。如：智能交通、环境保护、政府工作、公共安全、平安家居、智能消防、工业监测、老人护理、个人健康、花卉栽培、水系监测、食品溯源等。

大数据是基于海量数据进行分析从而发现一些隐藏的规律、现象、原理等，而人工智能在大数据的基础上更进一步，人工智能会分析数据，然后根据分析结果做出行动，例如无人驾驶、自动医学诊断。

二、智能制造生产线概述

智能制造生产线是指利用智能制造技术实现产品生产过程的一种生产组织形式，主要通过各个设备之间的相互连接以及有序配合来代替人工，实现高效生产。智能制造生产线将装配制造、物料传输、信息网络三个系统深度融合与高度集成，在生产自动化的基础上实现物料流和信息流的自动化、数字化与智能化，是典型的信息技术与制造技术的深度融合。

表 1-1-3 为智能制造生产线与自动化生产线的特点对比，智能制造生产线相比于自动化生产线具有多方面的优势。

表 1-1-3　智能制造生产线与自动化生产线的特点对比

序号	自动化生产线	智能制造生产线
1	主要用于批量生产。适合产量需求高的产品	可进行小批量、定制加工。能够支持多种相似产品的混线生产和装配，灵活调整工艺，可适应小批量、多品种的生产模式
2	通过改善生产线工艺、流程来提高产品质量。在大批量生产中采用自动化生产线能提高劳动生产率、稳定性和产品质量	能够自我感知、自我学习、自我分析，提高产品质量。能够通过机器视觉和多种传感器进行质量检测，自动剔除不合格品，并对采集的质量数据进行信息物理系统统计过程控制（SPC）分析，找出质量问题的成因，提高产品质量
3	生产线柔性低，流程固定。产品设计和工艺要求先进、稳定、可靠，并在较长时间内基本保持不变	智能生产线柔性高，生产过程、操作过程更智能。在生产和装配过程中，能够通过传感器或 RFID（射频识别）技术自动进行数据采集，并通过电子看板显示实时生产状态。其具有柔性，如果生产线上有设备出现故障，能够调整到其他设备生产。针对人工操作的工位，能够给予智能的提示

三、智能制造生产线基本构成

智能制造生产线基于先进控制技术、工业机器人技术、视觉检测技术、传感器技术以及RFID技术等，集成了多功能控制系统和顶尖检索设备，可以实现产品多样化定制、批量生产。智能制造生产线主要由智能装备、智能生产和智能服务三个系统构成。

（一）智能装备

智能装备是用于智能制造生产线上的自动化设备，是智能制造发展的前提与基础。智能装备具有检测、控制、优化和自主四个方面的功能。智能装备主要有以下几种：

1）自动化运输设备。指可以在生产线上按照生产任务要求，自动地完成物料从初始位置移动、搬运、传送到指定位置的自动化设备，主要包括托盘式、悬挂式、传输带式以及自动引导车，如图1-1-11所示。

a) 托盘式传送装置　　　　　　　　　　　　　b) 悬挂式传送装置

c) 传输带式传送装置　　　　　　　　　　　　d) 自动引导车

图1-1-11　智能装备

2）工业机器人。按功能划分，工业机器人可分为搬运机器人、码垛机器人、装配机器人、喷涂机器人、打磨机器人等。

3）CNC自动化加工设备。一般指数控机床，是搭载程序控制系统的自动化机床，如图1-1-12所示。

4）各种传感器及断路器。传感器是一种检测装置，能感受到被测量的信息，并将感受到的测量信息按照一定的规律转换成电信号或其他所需的信息输出形式，用以满足信息的传输、处理、显示、存储、控制和记录等要求。

5）数据采集与监视控制（Supervisory Control And Data Acquisition，SCADA）系统。是以计算机为基础的自动化监控系统。数据采集的工具包括数据采集模块、数据采集卡、数据采集仪表。数据采集模块由控制器和传感器等组成。它能够将通信和存储芯片集成到一块电路板上，拥有远程或近程收发消息、数据传输等功能，如图1-1-13所示。

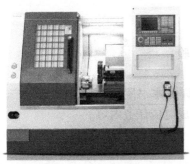

图 1-1-12 数控机床

a) 无线数据采集模块

b) PLC输入/输出模块

图 1-1-13 SCADA 数据采集模块

6）自动化立体仓库。一般指几层、十几层甚至几十层的高层货架储存货物，用相应的物料搬运设备进行货物入库和出库作业的仓库。它主要由立体货架、货箱、托盘、巷道堆垛机、输送机系统、搬运设备、自动控制系统、信息管理系统等组成。

（二）智能生产

智能生产指使用高新科技通过对过程控制、智能物流、制造执行系统、信息物理系统组成的人机一体化系统，按照工艺设计要求，实现整个生产制造过程的智能化生产、有限能力排产、物料自动配送、状态跟踪、优化控制、智能调度、设备运行状态监控、质量追溯和管理、车间绩效等；对生产、设备、质量的异常做出正确的判断和处置，实现制造执行与运营管理、研发设计、智能装备的集成；实现设计制造一体化和管控一体化。

（三）智能服务

智能服务的载体是信息通信技术。它是基于互联网、物联网平台，将设备运行数据、车间环境数据、仓储物流数据、工人数据等信息上传至企业数据中心，来实现系统软件对设备的实时在线监测、控制，还能通过数据分析提前进行设备维护。

任务二 智能制造生产线项目分析

学习情境

某制造公司近期准备开发一套智能制造生产线，在智能制造生产线开发准备阶段，首先需要对智能制造生产线项目进行分析。

学习目标

1. 知识目标

1）了解智能制造生产线项目信息。

2）掌握项目建设内容及生产流程。

3）了解智能制造生产线项目设计思路及工艺。

2. 技能目标

1）能够熟练介绍智能制造生产线系统的组成。

2）能够熟练介绍智能制造生产线系统的生产流程。

3. 素养目标

1）严格执行规范，养成严谨科学的工作态度。

2）养成总结训练过程和结果的习惯，为下次训练总结经验。

3）查找文献，培养总结问题的能力。

本任务对应的任务书、引导问题、计划实施、评价反馈详见本书附册《智能制造生产线装调与维护技能训练活页式工作手册》，请根据教学需要完成对应任务内容。

相关知识点

一、项目信息介绍

（一）智能制造生产系统

本项目的智能制造生产系统是一个智能制造生产系统综合性教学平台。智能制造生产线将装配制造、物料传输、信息网络三个系统深度融合与高度集成，在生产自动化的基础上实现物料流和信息流的自动化、数字化与智能化，是典型的信息技术与制造技术的深度融合。

（二）虚拟仿真教学系统

本项目使用的机器人虚拟仿真软件是 Robot Studio。Robot Studio 是一款非常强大的机器人仿真软件，使用简单，可以使用虚拟机器人进行离线编程，帮助用户快速地实现智能化、编程自动化的操作，提高生产效率。其功能特点主要有以下几点：

1）CAD 导入。

2）自动路径生成。

3）程序编辑。

4）路径优化。

5）自动分析伸展能力。

6）碰撞检测。

二、项目内容及生产流程

该系统是一个工业智能制造综合集成柔性生产线。它由多个独立工作站组成，包含了生产设备硬件部分和工业自动化控制部分，是一个数字化、网络化、智能化生产制造柔性系统。它既可以实现单组设备的独立运行，又可以组合成一个集成柔性生产线进行协同作业。

（一）智能制造生产线系统的构成及功能

图 1-2-1 的智能制造生产系统包括智能分拣工作站、智能组装工作站、智能检测工作站、智能仓储工作站和智能物流工作站等多个功能工作站，利用互联网和工业以太网实现信息互联。系统具有可进行小批量多品种柔性加工和无人值守加工生产能力等，采用数字化信息系统管理模式，每一台设备均采用网络形式对外连接，由服务器统一管理生产过程中的各种数字连接任务，具有现代化柔性制造加工系统的特征。

1）智能分拣工作站：以行星齿轮为产品对象，实现传送、芯片安装与检测、分拣、装盘放置等生产工艺环节，以一体化存取分拣的定位需求为参考，通过工业以太网完成数据的快速交换和流程控制，采用 PLC 实现灵活的现场控制结构和总控设计逻辑，并利用触摸屏进行设备监控。

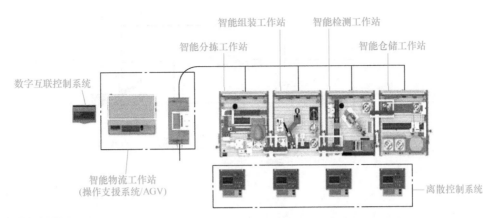

图 1-2-1 智能制造生产线集成应用平台

2）智能组装工作站：以行星齿轮为产品对象，实现取料、组装等生产工艺环节，以未来智能制造工厂的定位需求为参考，通过工业以太网完成数据的快速交换和流程控制，采用 PLC 实现灵活的现场控制结构和总控设计逻辑，利用系统采集所有设备的运行信息和工作状态，融合大数据实现工艺过程的实施调配和智能控制，借助云网络体现系统运行状态的远程监控。

3）智能检测工作站：以行星齿轮为产品对象，主要功能是检测行星齿轮是否装配成功并对检测的行星齿轮进行激光雕刻加工。

4）智能仓储工作站：以已加工完成的行程齿轮为产品对象，实现传送、入仓、出仓、取料等生产工艺环节，以一体化存取仓储的定位需求为参考，通过工业以太网完成数据的快速交换和流程控制，采用 PLC 实现灵活的现场控制结构和总控设计逻辑，并利用触摸屏进行设备监控。

（二）生产工作流程简介

图 1-2-2 中待生产的工件由 AGV 小车运送至各模块生产工作站，由系统软件根据 RFID 物料编码属性，调度机器人操作。每个不同物料 RFID 属性不同，系统软件会根据当前 RFID 信息更换机器人所使用的程序，每站加工完成后再次由 AGV 小车运送至下一个工序。

以生产行星齿轮产品为例，其工作流程如下：

1）选择行星齿轮产品样式，生成加工订单，系统下单。

2）智能分拣工作站首先将 RFID 芯片安装在齿轮料盘上，通过大、小料井将齿轮推至传送带上，机器人通过视觉系统追踪定位、判别，并将大小齿轮进行称重，然后放置在料盘对应的位置上，AGV 小车等待智能分拣工作站完成分拣后，将工件传输到下一工序，也就是智能组装工作站。

3）工业机器人自动更换相应的工具，完成行星齿轮的组装，再由 AGV 小车传输到智能检测工作站。

4）智能检测工作站对行星齿轮进行检测，检测其是否装配成功并对其进行激光雕刻加工。

5）行星齿轮成品在智能仓储工作站被分配到立体仓库，待需要取货时，需要在触摸屏选取产品，机器人将产品从立体仓库移至旋转仓库，完成入库和出库的动作。

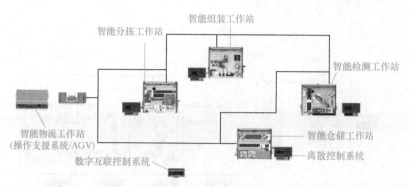

图 1-2-2 智能制造生产线生产工作流程

三、项目设计思路及工艺要求

（一）设计思路

智能制造生产线包括各种各样的自动化专机和机器人，因此完成智能制造生产线项目建设过程比较复杂，目前国内从事自动化装备行业的相关企业通常是按图 1-2-3 所示的工作流程进行的。

根据终端用户提出的产品需求，首先需要对项目的需求信息进行分析，对产品进行解析。一般情况下，会根据客户提供的产品图样、产品工艺、现场情况以及客户需求，了解产品的精度要求、产量要求，获取生产节拍、工艺需求、现场环境等信息资料，并到现场工厂车间进行实地考察，进一步了解、交流、核实具体情况，进行项目可行性及可操作性论证。

（二）工艺要求

产品的生产工序关系到智能生产线的方方面面。生产工艺对方案设计过程中的设备型号的选型等有着重要的作用。

图 1-2-3 项目设计工作流程

1. 产品的生产工艺

生产工艺是指生产工人利用生产工具和设备，对各种原料、半成品进行加工或处理，最后使之成为成品的工作、方法和技术。它是人们在劳动中积累起来并经总结的操作技术经验，也是生产工人和有关工程技术人员应遵守的技术规程。好的生产工艺是生产低成本、高质量产品的前提和保证。

生产工艺的确定一般要经过一定的工艺准备工作，如对产品图样进行工艺分析审查，编制工艺方案和工艺文件，进行工艺方案的评价等。选择生产工艺的主要依据有：原材料的特点、产品的用途、质量和精度的要求、经济效果情况、现有技术与装备水平等。

2. 产品的材质及特殊要求

材质在产品设计中占据着重要的地位，设计人员必须要熟悉产品所需要用到的材质属性和作用，并选用最合适的材料。在材质选用方面，设计人员需要考虑到产品在使用功能、工艺、经济性、环保性等方面的要求。

产品的功能使用要求是设计人员在产品设计时需要首要考虑的因素。材质能否满足产品功能使用的要求直接关系到产品的品质。这主要体现在产品的功能、造型尺寸、可靠度、质量等方面对材质的限制，以及产品某些特殊的功能属性要求，比如防水、防尘、防振等。

项目二

智能分拣工作站装配与调试

项目概述

    某制造公司为实现齿轮减速机生产工艺设计了集分拣、检测、安装、雕刻、储备等功能的智能生产线设备。智能生产线设备由六部分组成，分别是智能分拣工作站、智能组装工作站、智能检测工作站、智能仓储工作站、总控台、送料小车，各个工作站的功能环环相扣。其中智能分拣工作站，主要用于 RFID 芯片安装和齿轮分拣。

知识图谱

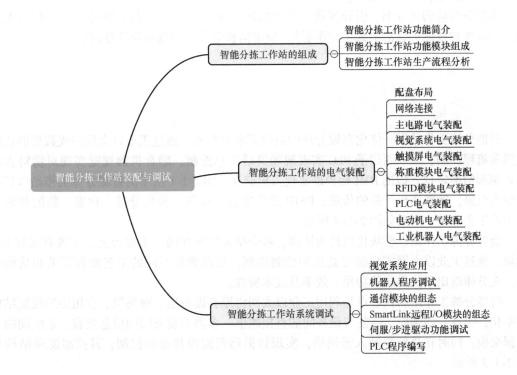

任务一　智能分拣工作站的组成

学习情境

有了对智能制造生产线整体的认知和规划后，制造公司拟从生产线的第一站，即智能分拣工作站开始设计。智能分拣工作站能够实现产品的传送、RFID 芯片安装与检测、齿轮分拣等工艺环节，本任务首先认识智能分拣工作站。

学习目标

1. 知识目标

1）了解智能分拣工作站的功能。

2）了解智能分拣工作站的组成及各模块的功能。

3）了解智能分拣工作站的生产流程。

2. 技能目标

1）能够熟练介绍智能分拣工作站的结构及各自功能。

2）能够熟练介绍智能分拣工作站的生产流程。

3. 素养目标

1）严格执行规范，养成严谨科学的工作态度。

2）严格执行 6S 现场管理。

本任务对应的任务书、引导问题、计划实施、评价反馈详见本书附册《智能制造生产线装调与维护技能训练活页式工作手册》，请根据教学需要完成对应任务内容。

相关知识点

一、智能分拣工作站功能简介

智能分拣工作站以一体化存取分拣的定位需求为参考，通过工业以太网完成数据的快速交换和流程控制，采取西门子 PLC 实现现场灵活的总控制，融合机器视觉实现对物料大小的识别和精准定位，借助 HMI 触摸屏实现人机交互。图 2-1-1 所示的智能分拣工作站以行星齿轮为对象，能够实现产品的传送，RFID 芯片安装与检测，齿轮分拣、称重、装配和放置等生产工艺环节。产品如图 2-1-2 所示。

智能分拣工作站以模块化设计为原则，各个单元安装在同一工作台上，布置有远程 I/O 模块，通过工业以太网实现信号监控和控制协调，用以满足不同的工艺流程要求和功能实现，充分体现出系统集成的功耗、效率及成本特性。

智能分拣工作站的核心点是利用工业以太网将原有设备层、现场层、应用层的控制结构扁平化，实现一网到底、控制与设备间的直接通信、多类型设备间的信息兼容、系统间的大数据交换，同时在总控端融入云网络，实现数据远程监控和流程控制，其控制逻辑结构如图 2-1-3 所示。

图 2-1-1　智能分拣工作站

图 2-1-2　产品

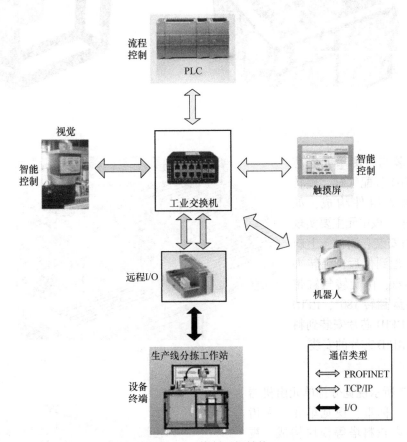

图 2-1-3　控制逻辑结构

二、智能分拣工作站功能模块组成

智能分拣工作站由上料单元、芯片安装与检测单元和视觉分拣单元组成，如图 2-1-4 所示。

（一）上料单元

上料单元包括上料夹爪、滚筒、滚筒电动机、上料电动机、定位气缸等模块。AGV 小车将齿轮载盘从上一个工作站运至本工作站时，会将物料放

智能分拣工作站的组成

置滚筒末端，由滚筒电动机将物料从滚筒末端送至前端，待完成本工作站的任务后，将加工完成的产品从滚筒前端送出到滚筒末端，再由 AGV 小车取下送至下一个工作站。上料电动机是将滚筒前端的物料向上送往工作站台面，将加工完成的产品从工作站台面向下运至滚筒前端。上料夹爪通过固定气缸的进气、出气控制上料夹爪的夹紧和松开，并在电动机的作用下实现上、下移动，输送物料，如图 2-1-5 所示。

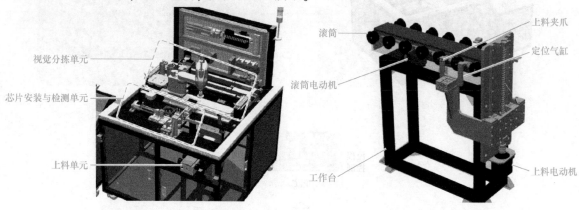

图 2-1-4　智能分拣工作站组成单元　　　　　图 2-1-5　上料单元

（二）芯片安装与检测单元

芯片安装与检测单元由芯片检测、RFID 装配气缸、旋转气缸、夹爪等组件构成，如图 2-1-6 所示。该单元主要实现 RFID 芯片的安装、测试。上料单元升起料盘到位后，翻转夹爪夹紧空料盘，由旋转气缸带动夹爪和料盘翻转 180°，RFID 装配气缸将 RFID 芯片安装到料盘上，完成 RFID 芯片的安装。

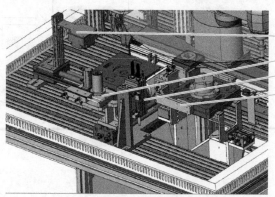

图 2-1-6　芯片安装与检测单元

（三）视觉分拣单元

图 2-1-7 所示视觉分拣单元由机器人、传送带、称重、视觉单元、大齿轮料塔和小齿轮料塔等模块构成。视觉分拣单元用于分类齿轮及放置齿轮，是工作站的功能单元。大、小料井输出齿轮到传送带上，传送带为双传送带，传送方向相反能够实现齿轮在传送带上来回运动；传感器可检测齿轮是否到位，视觉功能模块可检测齿轮的大小以及定位引导；机器人动态追踪完成吸取、称重与装盘，并出料。

图 2-1-7　视觉分拣单元

（四）工作站的安装示意图

智能分拣工作站的安装示意图，如图2-1-8所示。

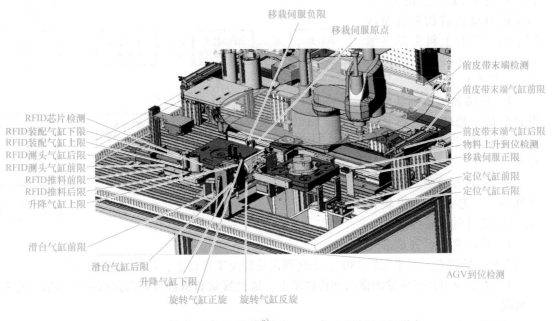

a)

b)

图2-1-8　智能分拣工作站安装示意图

三、智能分拣工作站生产流程分析

本站生产流程如图2-1-9所示。

1）初始时，AGV 小车将物料从上一个工作站运至本站，将物料放置滚筒前端，由滚筒电动机将物料送至滚筒末端，再由上料夹爪夹紧后，步进电动机驱动工作台上升，即上料。

2）传感器检测到物料上升到位后，翻转夹爪夹紧料盘取料，然后翻转 180° 后放料。

3）传感器检测到料盘翻转到位后，芯片组装模块完成 RFID 芯片的安装与检测。

4）翻转夹紧已完成芯片安装和检测的料盘，水平翻转180°，翻转到齿轮装配工作台上，等待齿轮的装配。

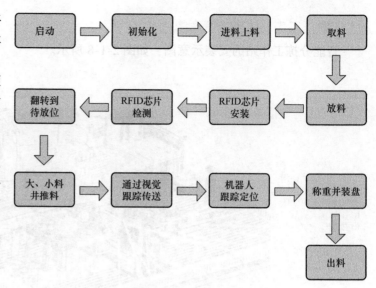

图 2-1-9 智能分拣工作站生产流程图

5）大、小料井将齿轮的推出到传送带上，通过视觉和机器人动态追踪完成吸取、称重与装盘。

6）将三大一小的齿轮装到料盘后，料盘下降到滚动末端并进行出料动作。

任务二 智能分拣工作站的电气装配

学习情境

了解了智能分拣工作站的组成后，就要根据设计人员提供的电气原理图进行安装。本任务完成智能分拣工作站各模块电路图的识读，并选择合适的工具进行电气装配。

学习目标

1. 知识目标

1）了解智能分拣工作站中用到的电气元件。

2）理解智能分拣工作站各部分的电气原理图。

2. 技能目标

1）能够根据配盘布局图对电气元件进行安装布局。

2）能根据电气原理图进行电气装配。

3. 素养目标

1）严格执行规范，养成严谨科学的工作态度。

2）养成团结协作精神。

3）养成总结和解决问题的能力。

本任务对应的任务书、引导问题、计划实施、评价反馈详见本书附册《智能制造生产线装调与维护技能训练活页式工作手册》，请根据教学需要完成对应任务内容。

相关知识点

智能分拣工作站的电气装配主要包括配盘布局、主电路电气装配、视觉系统电气装配、触摸屏电气装配、称重模块电气装配、RFID 模块电气装配、PLC 电气装配、电动机电气装配、工业机器人电气装配。

一、配盘布局

（一）配盘布局的原则

电气配盘作为电气部门工作重要的一部分，关系到电气部件的正常运行。为了使得工作站安全运行，内部走线更加美观，接线更加准确，配盘布局须满足以下几点要求：

1）电气配盘前需要按照电气图样做必要的解读了解，并严格按照电气图样要求作业。

2）走线要求整洁、美观、大方。

3）配盘需使用正确合理的劳动工具，避免作业时对电气元件造成不必要的损伤。

4）配盘走线时线槽中不允许有多余电线，但单根电线仍需要保有适当余量，可以酌情定量保证整体美观、整洁的要求。

5）所有配线要求牢固、简洁，确保电线正确压紧，若在接线过程中有接线端子损坏需立即更换，并保证电线正确无误的接入。

6）电气图样中电源指示灯与警灯必须严格区分开来，保证相应电气元件线号正确无误接至对应位置。

7）接触器上的三相电源必须保证正确无误地接在控制柜内对应的接线端子上，确保线号正确无误，U、V、W 必须一一对应。

8）针形线鼻、U 形线鼻根据不同的接线端子需要使用对应型号以保证接线的稳定和整洁。

9）配盘过程中不得多接线、漏接线。

10）接线作业时必须保证接线端两端线号一一对应，并严格按照电气图样要求接线。

11）线缆中 24V 电源线默认接棕色，负极接蓝色，电线颜色需要比较电气图样要求来做，并保证一一对应。

（二）智能分拣工作站的电气元件清单

智能分拣工作站电控盘中主要电气元件清单见表 2-2-1。其中剩余电流断路器、断路器和接触器用于主电路控制。智能分拣工作站中用西门子 PLC 进行逻辑控制和运动控制，并使用华太模块进行 I/O 点扩展。上料单元中，使用 1 个步进电动机进行滚筒的控制和 1 个步进电动机进行上料控制，共需要两个步进驱动器。移栽伺服单元使用了 1 个伺服电动机，因此需要配备 1 个伺服驱动器。

表 2-2-1 电气元件清单

序号	元件名称	元件型号	数量	单位
1	剩余电流断路器	DZ47LE – 63C32 30mA（2P）	1	个
2	断路器	NXB – 63 C10 10A 2P	1	个
3	断路器	NXB – 63 C16 16A 2P	3	个

（续）

序号	元件名称	元件型号	数量	单位
4	接触器	1810Z – 24V	1	个
5	PLC CPU 1212C DC/DC/DC	6ES7 212 – 1AE40 – 0XB0	1	个
6	485 通信模块	6ES7 241 – 1CH32 – 0XB0	1	个
7	适配器	FR8210	1	个
8	数字量输入模块	FR1108	5	个
9	数字量输出模块	FR2108	4	个
10	数字量输入模块	FR1118	2	个
11	数字量输出模块	FR2118	2	个
12	终端模块	FR0200	1	个
13	熔断器	RT18 – 32 12A	4	个
14	熔断器底座	RT18 – 32X	2	个
15	开关电源	LRS – 350 – 24	1	个
16	开关电源	LRS – 50 – 5	1	个
17	EMI 滤波器	AN – 10A2DW AC250V 10A	1	个
18	交换机	8 口 千兆	1	个
19	五孔插座	5 孔插座 10A 导轨式	3	个
20	插排	6 位 总控 3m（超功率保护）	1	个
21	电源插头	3 脚 10A	2	个
22	无线路由器	450M 基础款	1	个
23	称重传感器（带数显）	5kg 24V	1	个
24	显示器仪表	LZ – 808 同步 RS485 输出 24V	1	个
25	继电器模组	G6B – 4BND，国产底座 + 进口继电器	1	个
26	步进驱动器	DM422S	2	个
27	伺服电动机驱动器	SV – X2EA040A – A 400W	1	个

（三）智能分拣工作站的配盘布局

根据配盘布局的原则及项目要求，智能分拣工作站的电控盘配盘布局如图 2-2-1 所示。

二、网络连接

进行各设备网络 IP 地址设置时，需要保证各设备的 IP 地址处于同一网段，但地址不重叠。智能分拣工作站的网络结构如图 2-2-2 所示。

本工作站系统由 S7 – 1200 作为控制系统主站，S7 – 1200 的 PROFINET 接口用于编程、HMI 通信和 PLC 间的通信。此外，它还通过以太网协议支持与第三方设备的通信。PROFINET 接口带一个具有自动交叉网线（Auto-Cross-Over）功能的 JRJ – 45 连接器，提供 10Mbit/s/ 100Mbit/s 的数据传输速率，支持以下协议：TCP/IP Native、ISO – On – TCP 和 S7 通信。

TP – LINK 8 口千兆以太网交换机能够用来增加 S7 – 1200 以太网接口，以便实现与操作员面板、编程设备、其他控制器或者办公环境的同步通信。

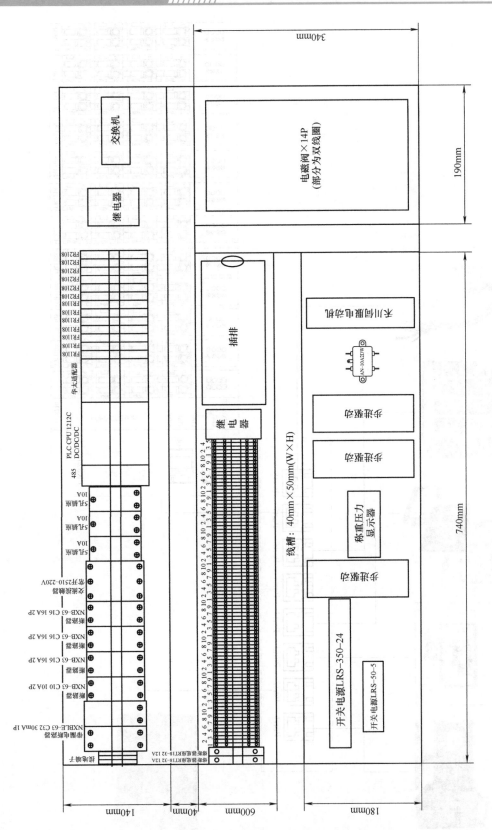

图 2-2-1 智能分拣工作站的电控盘配盘布局图

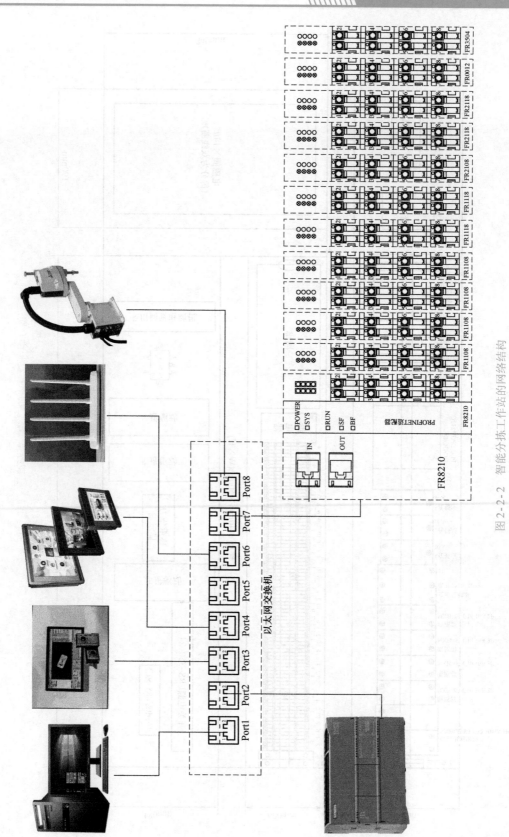

图 2-2-2 智能分拣工作站的网络结构

人机界面（HMI）又称用户界面，是系统和用户直接进行交互和信息交互的媒介。本工作站采用的是威纶通触摸屏，触摸屏通过以太网与 PLC 进行通信。

智能分拣工作站中的视觉系统采用的是欧姆龙 FH－L550 控制器，支持并行通信、无协议 TCP 通信等多种通信方式，本工作站中视觉系统通过网线连接以太网交换机以获取网络。

智能分拣工作站中的三菱工业机器人，使用网线连接以太网网线接口和工业机器人控制器的外接网口，完成网络连接。

三、主电路电气装配

智能分拣工作站配盘布局

主电路用到的电气元件主要有：低压断路器、熔断器、接触器、急停开关、开关电源和电源插座等。由于 PLC 和传感器均为 24V 供电，故选用 24V 开关电源，插座用于路由器、空压机等设备的供电。设计的主电路应严格遵守电路设计原则。

主电路将 220V 电源接到剩余电流断路器上，再通过断路器接到两个开关电源上。电源及伺服电动机驱动器的动力线由直流继电器触点控制。上电后，主电路接通；按下急停按钮时，插座及伺服驱动器断电。主电路如图 2-2-3 所示。

智能分拣工作站主电路电气装配

四、视觉系统电气装配

（一）视觉系统传感器控制器和外部的通信连接

智能分拣工作站使用欧姆龙 FH－L550 型号控制器。该控制器具有紧凑性高、运行处理速度快、程序编写简单等特点，集定位、识别、计数等功能于一体，可同时连接两台相机进行视觉处理，还支持 Ethernet 通信。控制器面板上接口如图 2-2-4 所示。

视觉系统电气装配

欧姆龙 FH－L550 型号控制器与 PLC 或计算机等外部装置连接，可从外部装置输入测量命令，或向外部输出测量结果，如图 2-2-5 所示。

欧姆龙 FH－L550 型号控制器基本控制动作为：首先，PLC 或机器人输入测量触发等控制命令，传给视觉系统的传感器控制器，然后视觉系统通过智能相机拍照，再由传感器控制器处理并输出测量结果传给 PLC 或机器人。

视觉系统传感器控制器和外部设备的通信连接如图 2-2-6 所示。

在智能分拣工作站中，视觉系统与工业机器人通过 TCP/IP 通信，只需要使用网线将工业机器人控制器 WAN 的外接网口和视觉系统的外接网口连接在以太网交换机的网线接口上，即可完成通信硬件接线，实现数据的交互。

（二）视觉系统的电气装配

在智能分拣工作站中，视觉系统传感器控制器接入电源为 DC24V，其电气接线图如图 2-2-7 所示。

五、触摸屏电气装配

威纶通的 MT8102IE 触摸屏的输入电源为 24V，拥有 1 个 USB 接口，1 个以太网接口和 1 个串行接口。在智能分拣工作站中，触摸屏通过以太网与 PLC 进行通信。触摸屏电气图如图 2-2-8 所示。

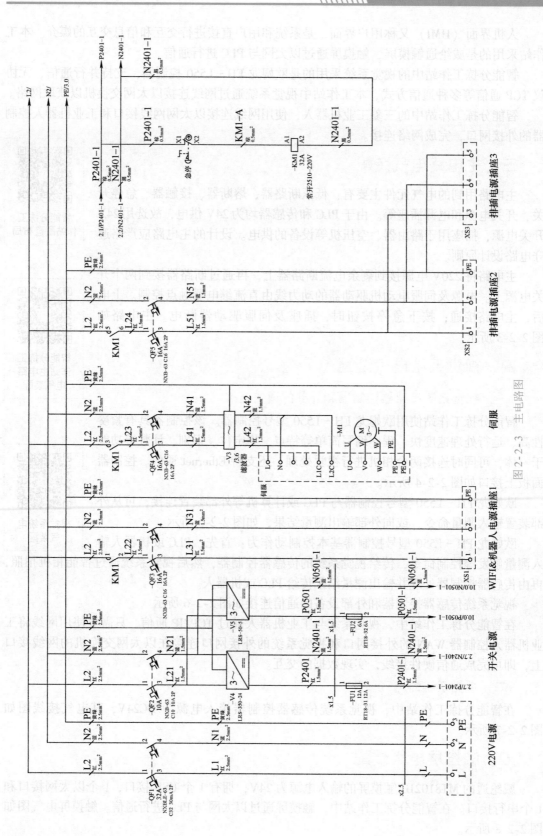

图 2-2-3　主电路图

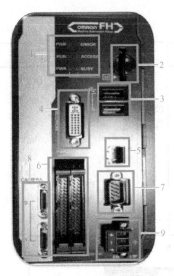

图 2-2-4　FH‑L550 型号控制器

1—控制器系统运行显示区　2—SD 槽　3—USB 接口　4—显示器接口　5—通信网口
6—并行 I/O 通信接口　7—RS232 通信接口　8—相机接口　9—控制器电源接口

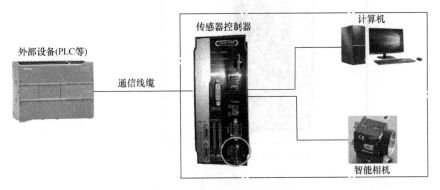

图 2-2-5　与外设连接示意图

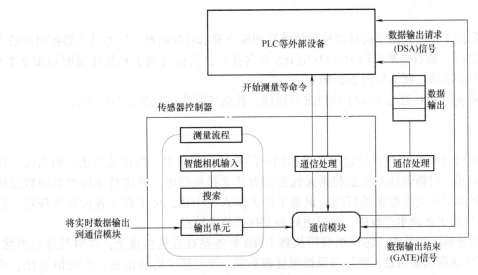

图 2-2-6　通信连接

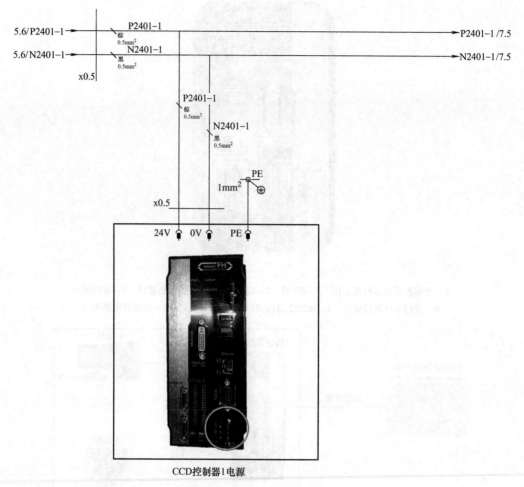

CCD控制器1电源

图 2-2-7　视觉系统传感器控制器的电气接线图

六、称重模块电气装配

智能分拣工作站采用了高精度称重传感器和压力显示器控制器。压力显示器控制器输入电源为 DC24V，拥有标准串行 RS232/RS485 双向接口，其接线端子和接线说明如图 2-2-9 所示。压力显示器控制器如图 2-2-10 所示。

称重模块与 PLC 通过 RS485 接口进行通信，其电气原理图如图 2-2-11 所示。

七、RFID 模块电气装配

射频识别（RFID）技术是近年来兴起的一门自动识别技术。与传统的条形码系统、接触式卡等不同，射频识别系统是利用无线射频方式非接触供电，并进行非接触双向数据通信，以达到识别并交换数据的目的。识别工作无须人工干预，可工作于各种恶劣环境。将 RFID 技术应用于智能生产线中，可以更好地发挥其技术特点。

在智能分拣工作站中，芯片组装模块将 RFID 标签贴在齿轮料盘上，并对其进行检测，RFID 读写器获取标签信息，将信息反馈至管理系统，及时获取运输信息，实现信息化、透明化、数据化，做到及时管控运输流程。RFID 读写器具备 USB、RS232、RS485、RJ45 等多种通信接口，可以通过 USB 线、串口线、网线等与计算机交互，满足各种工作现场的布线需求。在本工作站中 RFID 读写器与 PLC 通过 RS485 接线，电气接线图如图 2-2-12 所示。

　　在本工作站中，RFID 读写器通过 USB 线与计算机进行交互，电气接线图如图 2-2-13 所示。

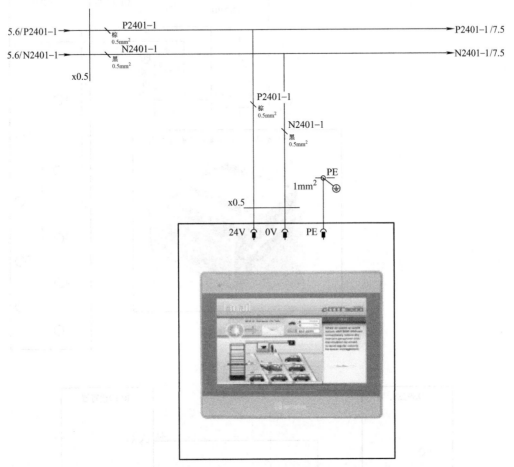

图 2-2-8　触摸屏电气图

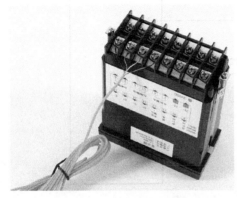

图 2-2-9　接线端子图

图 2-2-10　压力显示器控制器

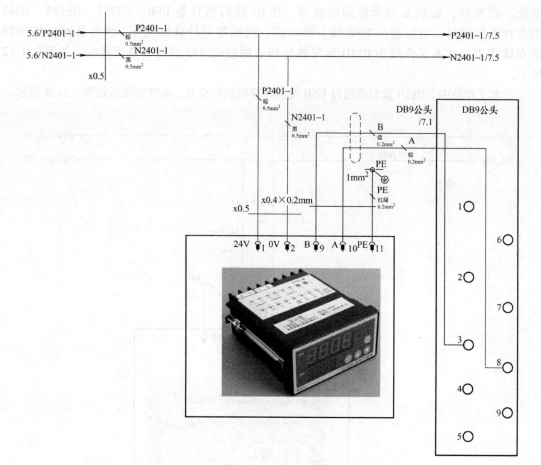

图 2-2-11　称重模块电气原理图

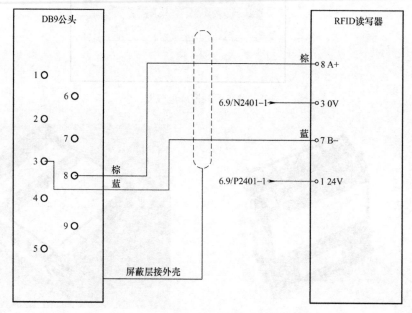

图 2-2-12　RFID 读写器的电气接线图

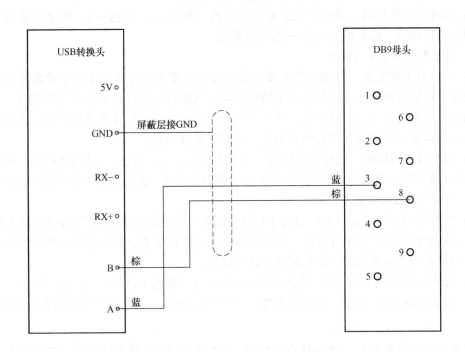

图 2-2-13 RFID 读写器与计算机的电气接线图

八、PLC 电气装配

(一) 西门子 S7 - 1200 PLC

PLC 电气装配是把工作站各个传感器、电源线、步进电动机、伺服电动机、按钮等所有由 PLC 控制的电气元件的线接到端子排分配好的 I/O 接口上，并整理好电路。

智能分拣工作站使用的是西门子 S7 - 1200 PLC。其结构说明如图 2-2-14 所示。

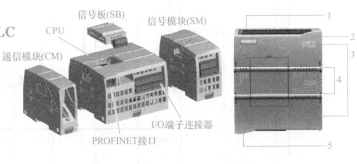

图 2-2-14 S7 - 1200PLC 的结构说明

1—电源接口 2—存储卡插槽（上部保护盖下面）
3—可拆卸用户接线连接器（保护盖下面） 4—板载 I/O 的状态指示灯
5—PROFINET 连接器（CPU 的底部）

(二) 传感器的安装与接线

1. 磁性开关的安装与接线

1）磁性开关的安装。智能分拣工作站中的升降气缸、取料气缸、RFID 推料气缸和定位气缸等的非磁性体活塞上安装了一个永久磁性的磁环，随着气缸的移动，在气缸的外壳上就提供了一个能反映气缸位置的磁场，安装在气缸外侧极限位置上的磁性开关可在气缸活塞移动时检测出其位置（磁性开关受到磁场的影响再输出闭合信号）。磁性开关安装时，先将其套在气缸上并定位在极限位置，然后再旋紧紧固螺钉。

2）磁性开关的接线。磁性开关的输出为 2 线（棕色 + ，蓝色 - ），连接时蓝色线与直流电源的负极相连，棕色线与 PLC 的输入点相连。

2. 光电开关的安装与接线

1）光电开关的安装。智能分拣工作站中使用的 U 槽光电开关主要用于检测步进电动机的正限位、负限位和原点，伺服电动机的正限位、负限位和原点。光电开关安装时，先将电动机的正、负限位和原点位置确定，然后将光电开关放在确定的位置进行调整，方便安装在电动机上的检测片被光电开关检测到为佳，将固定螺母锁紧。

2）光电开关的接线。光电开关的输出为 3 线（棕色 + ，蓝色 - ，黑色输出），连接时棕色线与直流电源的正极相连，蓝色线与直流电源的负极相连，黑色线与 PLC 的输入点相连。

3. 光纤传感器的安装与接线

1）光纤传感器的安装。智能分拣工作站中的光纤传感器主要用于物料台上的工件有无检测，能判断物料台有无工件存在。安装时应注意其机械位置，特别是出料检测的传感器安装时，应避免光的穿透无反射信号而导致信号错误。

2）光纤传感器的接线。光纤传感器的输出为 3 线（棕色 + ，蓝色 - ，黑色输出），连接时棕色线与直流电源的正极相连，蓝色线与直流电源的负极相连，黑色线与 PLC 的输入点相连。

（三）PLC 电气装配

智能分拣工作站 PLC 接线包括电源接线、PLC 输入/输出端子的接线。PLC 输入信号电气图，如图 2-2-15 所示。PLC 的输入信号地址分配参考附录 A 表 A-1。

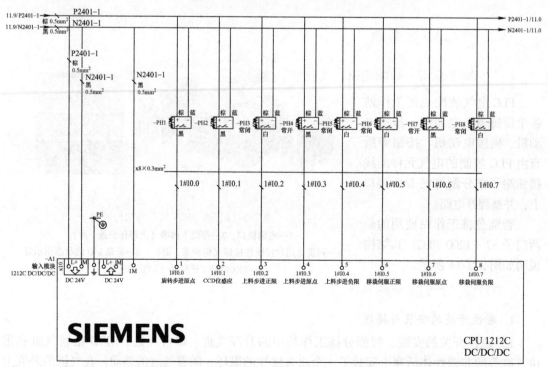

图 2-2-15　PLC 输入信号电气图

PLC 输出信号电气图，如图 2-2-16 所示，PLC 的输出信号地址分配参考附录 A 表 A-2。

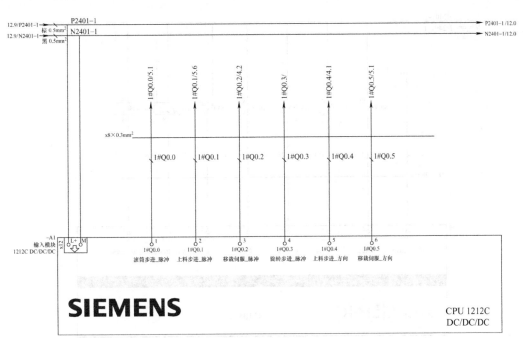

图 2-2-16　PLC 输出信号电气图

PLC 与 FR8210 适配器通过 PROFINET 通信线缆连接，FR8210 适配器的电气图如图 2-2-17 所示。

FR1108 数字量输入模块用来采集现场的数字量信号，是 8 通道数字量输入模块，有 8 个输入通道数，输入信号类型为 PNP 型。智能分拣工作站中用到 7 个 FR1108 数字量输入模块，FR1108_1 用于采集移栽伺服报警、启动按钮、停止按钮、复位按钮、急停、手/自动开关、AGV 到位检测、定位气缸前限的数字信号，电气图分别如图 2-2-18 所示。

通信模块组态　　远程IO模块的组态

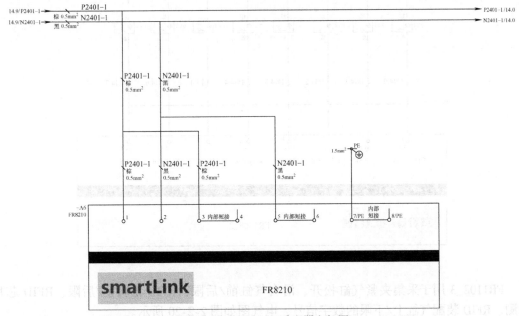

图 2-2-17　FR8210 适配器电气图

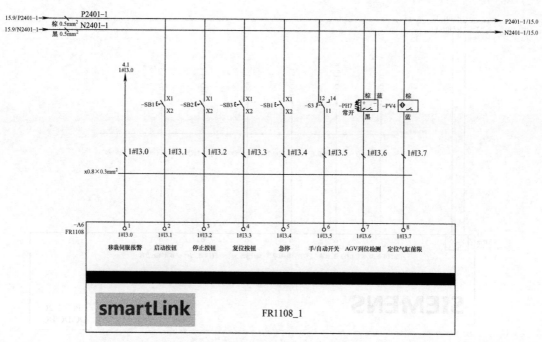

图 2-2-18　FR1108_1 电气图

FR1108_2 用于采集定位气缸后限、升降气缸上限、升降气缸下限、滚筒前感应、滚筒后感应、取料气缸夹紧、取料气缸松开、夹紧气缸夹紧的数字信号，电气图如图 2-2-19 所示。

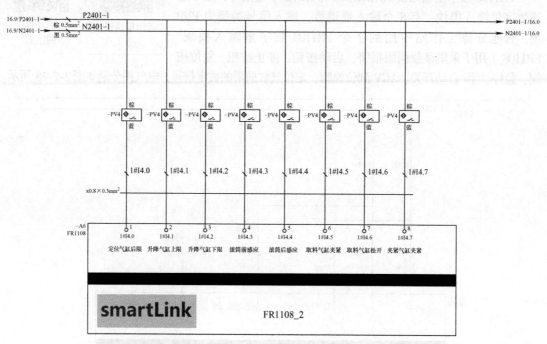

图 2-2-19　FR1108_2 电气图

FR1108_3 用于采集夹紧气缸松开、滑台气缸前/后限、RFID 推料前/后限、RFID 芯片检测、RFID 装配气缸上/下限的数字信号，电气图如图 2-2-20 所示。

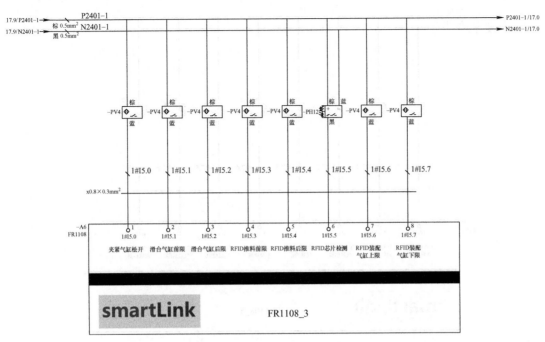

图 2-2-20   FR1108_3 电气图

FR1108_4 用于采集 RFID 测头气缸前/后限、小齿轮料塔前/后限、大齿轮料塔前/后限、翻转到位检测、小齿轮料塔物料检测的数字信号，电气图如图 2-2-21 所示。

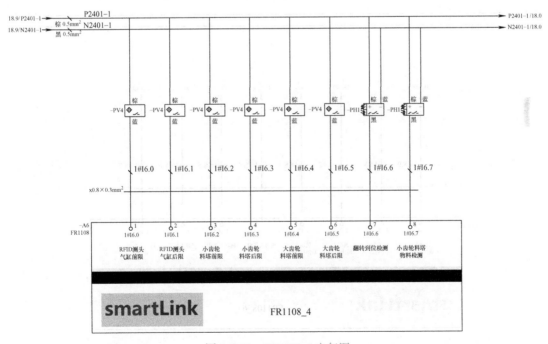

图 2-2-21   FR1108_4 电气图

FR1108_5 用于采集大齿轮料塔物料检测、物料上升到位检测、前皮带末端气缸前/后限、前皮带末端检测，后皮带末端气缸前/后限和后皮带末端检测的数字信号，电气图如图 2-2-22 所示。

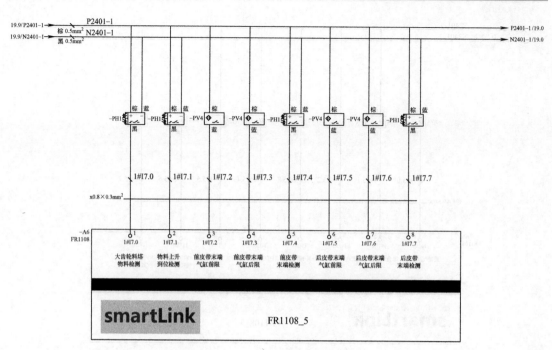

图 2-2-22　FR1108_5 电气图

FR1108_6 用于采集机器人输出运行、启动、输出错误和输出操作权的数字信号，电气图如图 2-2-23 所示。

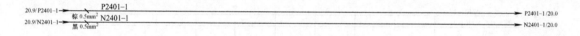

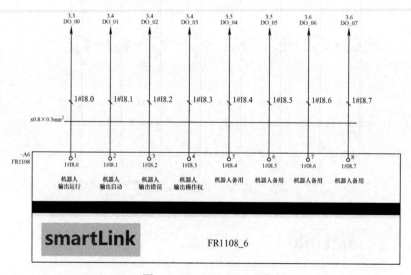

图 2-2-23　FR1108_6 电气图

FR1108_7 用于采集伺服请求、行星齿轮出料请求、太阳轮出料请求、称重请求、放料请求、齿轮放置完成和皮带动条件的数字信号，电气图如图 2-2-24 所示。

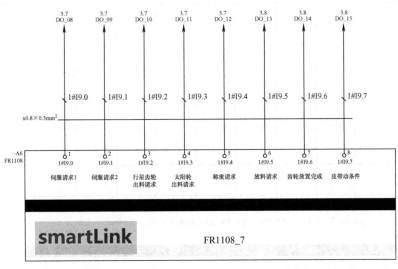

图 2-2-24　FR1108_7 电气图

FR2108 数字量输出模块用于给现场设备输出数字量信号，是 8 通道数字量输出模块，有 8 个输出通道数，输出信号类型为源型输出。智能分拣工作站中用到的 6 个 FR2108 数字量输出模块，FR2108_1 用于给智能分拣工作站的移栽伺服电动机复位、滚筒步进电动机方向、上料步进电动机刹车、前皮带调速、后皮带调速、旋转步进电动机方向和移栽伺服使能输出数字量信号，电气图如图 2-2-25 所示。

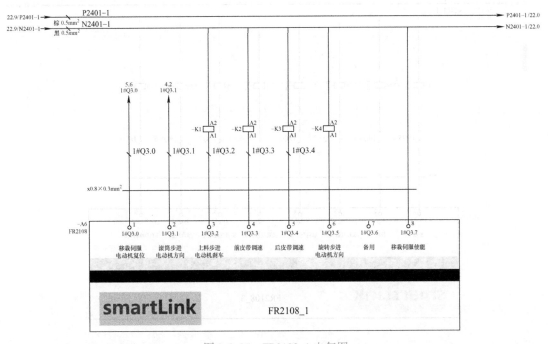

图 2-2-25　FR2108_1 电气图

35

FR2108_2 用于给智能分拣工作站的三色灯的点亮和报警、定位气缸夹紧和松开、升降气缸（旋转）的升和降输出数字量信号，电气图如图 2-2-26 所示。

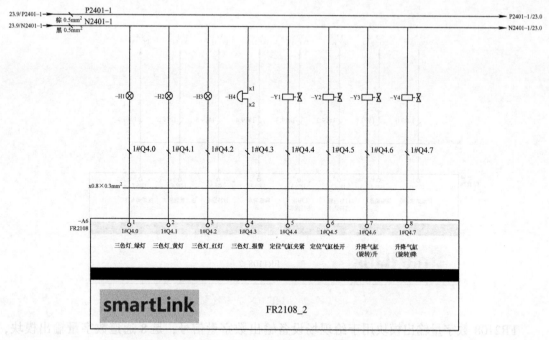

图 2-2-26　FR2108_2 电气图

FR2108_3 用于给智能分拣工作站的取料气缸夹紧和松开、夹紧气缸夹紧和松开、滑台气缸和 RFID 推料气缸输出数字量信号，电气图如图 2-2-27 所示。

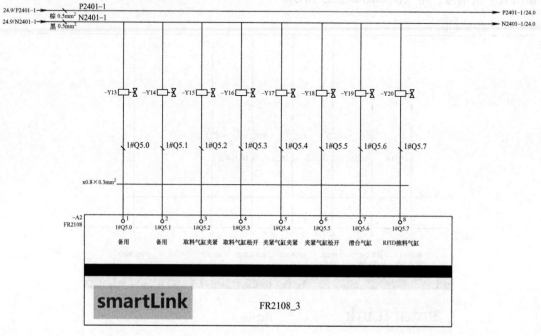

图 2-2-27　FR2108_3 电气图

FR2108_4 用于给智能分拣工作站的 RFID 装配气缸、RFID 测头气缸、小齿轮料塔气缸、大齿轮料塔气缸、前皮带末端气缸和后皮带末端气缸输出数字量信号，电气图如图 2-2-28 所示。

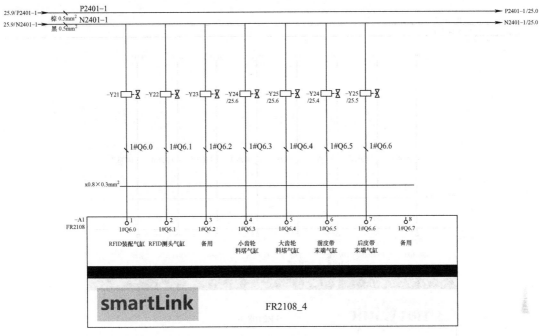

图 2-2-28　FR2108_4 电气图

FR2108_5 用于给智能分拣工作站的机器人输入启动、停止、复位、操作权、程序复位和齿轮到达拍照位输出数字量信号，电气图如图 2-2-29 所示。

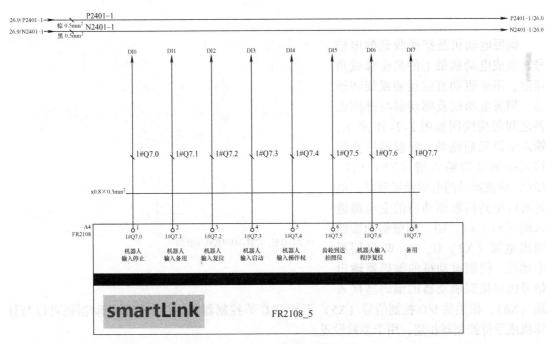

图 2-2-29　FR2108_5 电气图

FR2108_6 用于给智能分拣工作站的伺服到位、行星齿轮出料完成、太阳轮出料完成、称重完成和放料允许输出数字量信号，电气图如图 2-2-30 所示。

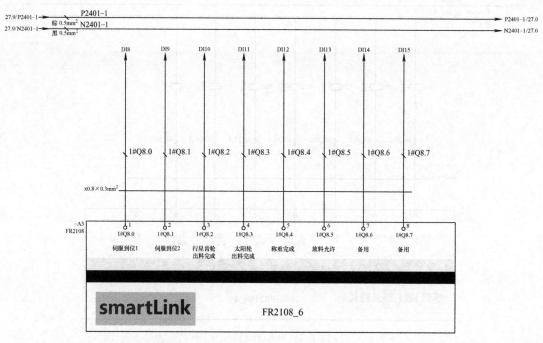

图 2-2-30　FR2108_6 电气图

九、电动机电气装配

（一）伺服电动机电气装配

伺服电动机是把所收到的电信号转换成电动机轴上的角位移或角速度，用来驱动直线运动或旋转运动。伺服电动机及驱动器与外围设备之间的接线图如图 2-2-31 所示，输入电源经断路器、滤波器后直接接到控制电源输入端（X1）L1C、L2C，滤波器后的电源经接触器、电抗器后接到伺服驱动器的主电源输入端（X1）L1、L3，伺服驱动器的输出电源（X2）U、V、W 接伺服电动机，伺服电动机的编码器输出信号也要接到驱动器的编码器接入

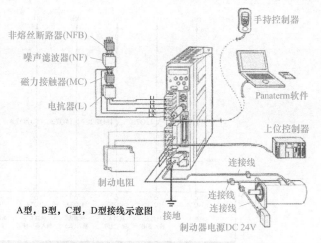

图 2-2-31　伺服电动机及驱动器与外围设备之间的接线图

端（X6），相关的 I/O 控制信号（X5）不与 PLC 等控制器相连接，伺服驱动器还可以与计算机或手持控制器相连，用于参数设置。

智能分拣工作站的移栽伺服单元使用了禾川伺服电动机，伺服电动机驱动器的电气图如图 2-2-32 所示。

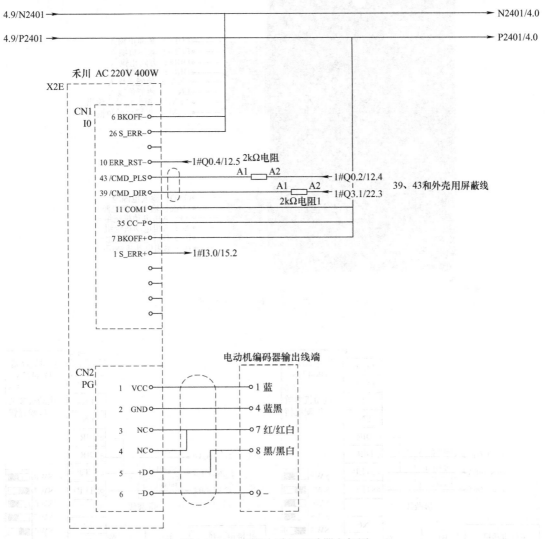

图 2-2-32　伺服电动机驱动器电气图

（二）步进电动机电气装配

步进电动机是一种能将脉冲信号转换成角位移或线位移的执行器件，步进电动机的角位移或线位移与控制脉冲数成正比，通过改变脉冲频率就可以调节电动机的转速，实现电动机的加减速、转向等，属于数字控制。

步进电动机需要专门的驱动装置（驱动器）供电，驱动器和步进电动机是一个有机的整体，步进电动机的运行性能是电动机及其驱动器两者配合所反映的综合效果。步进电动机驱动器的接线说明如图 2-2-33 所示。

智能分拣工作站中用到两个步进电动机和配套的驱动器，分别为滚筒步进驱动器和上料步进驱动器，其电气图如图 2-2-34 所示。

步进驱动器
的设置

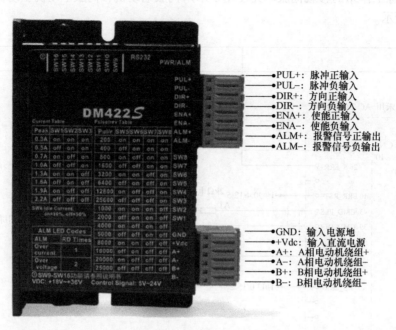

图 2-2-33　步进电动机驱动器接线说明

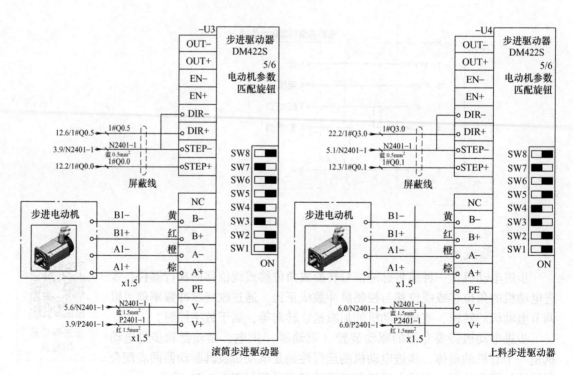

图 2-2-34　步进驱动器电气图

十、工业机器人电气装配

智能分拣工作站中的工业机器人需要实现对工件的夹取、搬运和放置功能，并能够与PLC、视觉系统进行通信连接，以配合整个流程的正确完成。三菱机器人本体各部分结构说明如图 2-2-35 所示。

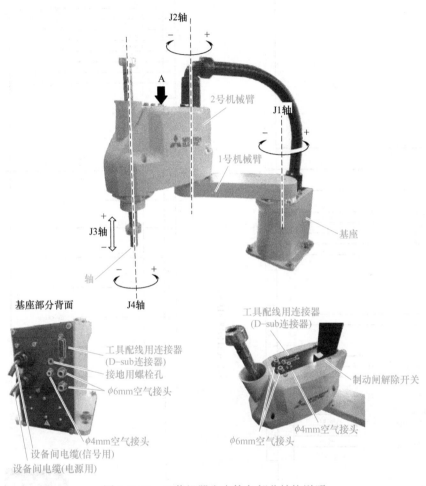

图 2-2-35　三菱机器人本体各部分结构说明

（一）机器人 I/O 分配

PLC 与机器人的 I/O 通信，即 PLC 的输入与输出与机器人的输入与输出采用导线相连。将 PLC 的输出端口与机器人的输入信号相连，将 PLC 的输入端口与机器人的输出信号相连，机器人的 I/O 表请参考附录 A 表 A-3 和表 A-4。

（二）机器人电气装配

智能分拣工作站的机器人电气图如图 2-2-36 所示，需要接线的有 ACIN 连接器（电源输入）、输入信号、输出信号、示教器、机器人电动机电源和信号的连接。

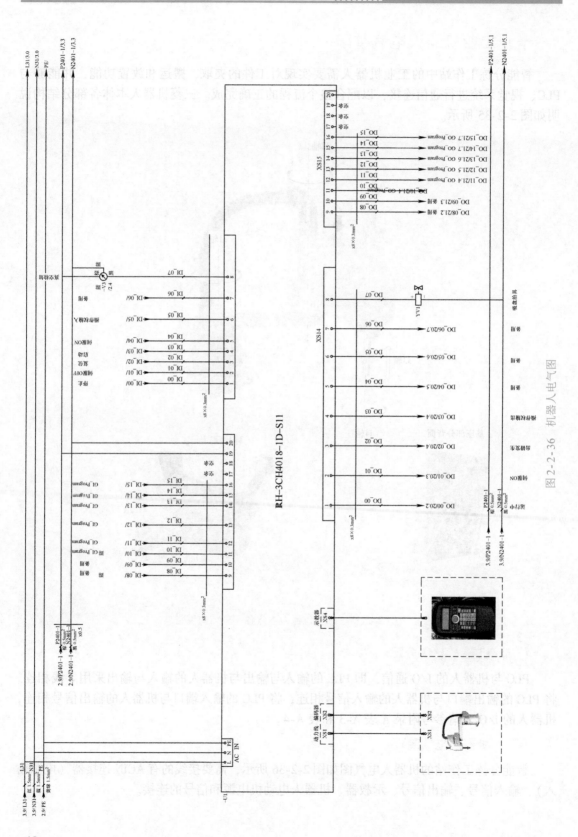

图 2-2-36 机器人电气图

任务三　智能分拣工作站系统调试

学习情境

智能分拣工作站的机械装置和电气电路组装完成后，接下来对视觉系统、机器人及 PLC 进行编程和调试，实现智能分拣工作站的功能。

学习目标

1. 知识目标

1）了解 PLC 通信模块组态及远程 I/O 组态方法。

2）了解视觉系统应用及程序编写方法。

3）了解智能分拣工作站机器人程序功能和结构。

4）了解智能分拣工作站 PLC 程序功能和结构。

2. 技能目标

1）能够进行通信模块组态及远程 I/O 组态。

2）能够根据智能分拣工作站的功能要求编写视觉系统程序。

3）能够根据智能分拣工作站的功能要求编写机器人程序。

4）能够根据智能分拣工作站的功能要求编写 PLC 程序。

3. 素养目标

1）具有高度的社会责任感。

2）养成良好的职业道德。

3）具备较强的实践能力和创新意识。

本任务对应的任务书、引导问题、计划实施、评价反馈详见本书附册《智能制造生产线装调与维护技能训练活页式工作手册》，请根据教学需要完成对应任务内容。

相关知识点

一、视觉系统应用

（一）视觉系统通信设置

机器人、PLC 等外部设备，可以通过支持的通信协议来控制视觉控制器。智能分拣工作站中支持的通信方式有并行通信、PLCLINK、Ethernet/IP、无协议通信等。本站使用无协议通信方式。

视觉系统的通信设置包括通信方式、IP 地址和输入/输出端口号的设置，见表 2-3-1。

表 2-3-1 视觉系统通信设置

序号	操作步骤	示意图
1	选择"工具"→"系统设置"命令,进入系统设置界面	
2	单击"通信模块"选项卡,将"串行(以太网)"设置为"无协议(TCP)",设置完成后,保存参数并重启系统	
3	再次进入"系统设置"界面,设置IP地址和端口号并保存。注意:视觉控制器IP地址与机器人IP地址应处于同一个网段,端口号范围为 0~65635	

（二）相机校准

相机校准的作用是确定相机各个参数的值，这些参数用以建立三维坐标系和相机图像坐标系的映射关系。相机校准流程如图2-3-1所示。

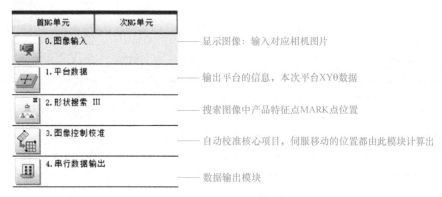

图2-3-1　相机校准流程

其中平台数据用于设定平台类型，如图2-3-2所示。

图像控制校准中，在"外部机器设定"选项卡中选择设定好的平台数据，如图2-3-3所示。在"校准"选项卡中，设定校准实施对象，如图2-3-4所示。"样品设定"选项卡中设置机器人走九宫格校准的偏移值，如图2-3-5所示。"计算结果确认"选项卡中，进行计算结果确认，当X倍率和Y倍率相似，X、Y轴角度接近90°时，校准成功，如图2-3-6所示。

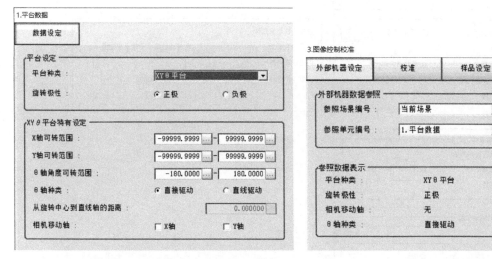

图2-3-2　平台数据设定　　　　　　　　　图2-3-3　外部机器设定

完成校准后将数据输出。在"串行数据输出"流程的"设定"选项卡中设定输出数据的X轴移动量、Y轴移动量和角度，如图2-3-7所示。在"输出格式"选项卡中设置"输出形式"为ASCII，如图2-3-8所示。

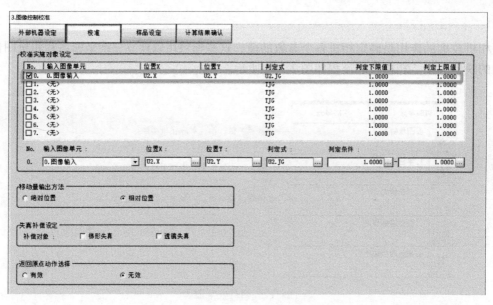

图 2-3-4　校准设定

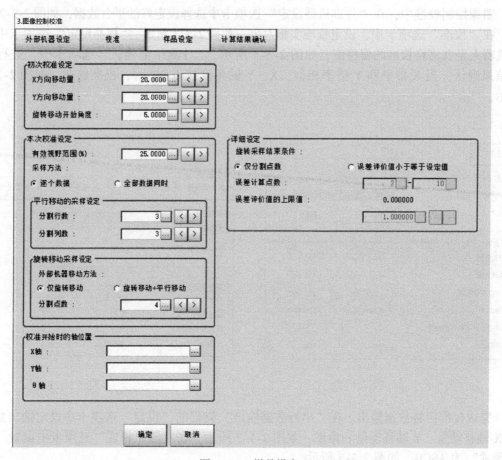

图 2-3-5　样品设定

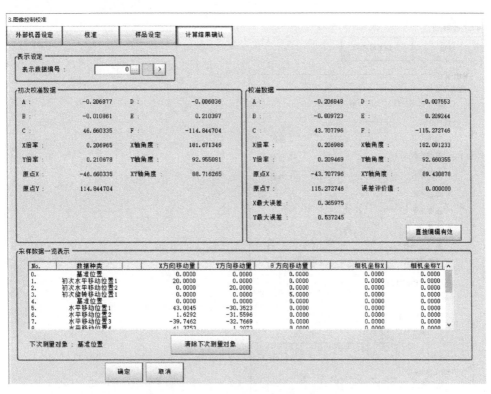

图 2-3-6　计算结果确认

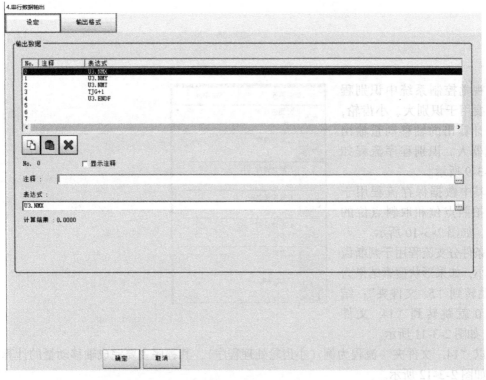

图 2-3-7　输出数据设定

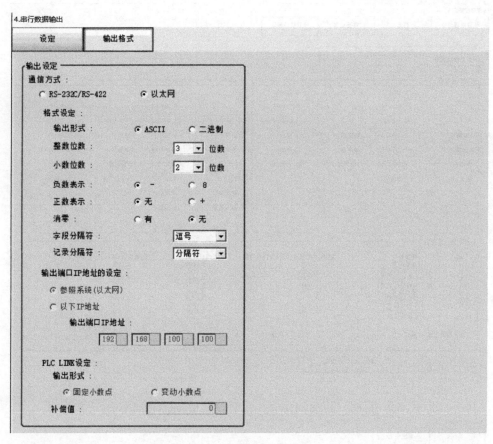

图 2-3-8　输出格式设置

(三) 识别程序

视觉控制系统中识别程序主要用于识别大、小齿轮，并将计算出的轴移动量输出给机器人。识别程序流程如图 2-3-9 所示。

其中数据保存流程用于存储拍照点位和取料点位的坐标，如图 2-3-10 所示。

条件分支流程用于判断齿轮大小，如果形状搜索结果为 1 就跳转到"5. 文件夹"；结果为 0 就跳转到"14. 文件夹"，如图 2-3-11 所示。

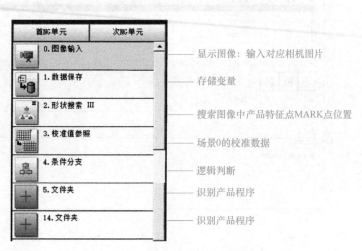

图 2-3-9　识别程序流程

以"14. 文件夹"流程为例（小齿轮处理程序），其程序主要完成轴移动量的计算和输出，如图 2-3-12 所示。

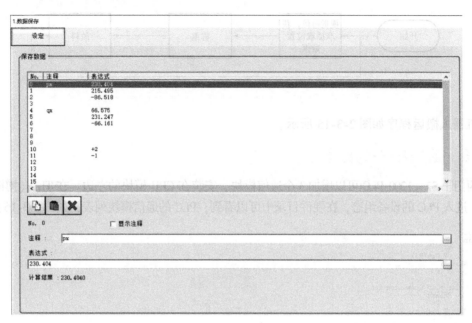

图 2-3-10　数据保存

图 2-3-11　条件分支

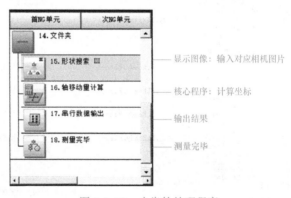

图 2-3-12　小齿轮处理程序

二、机器人程序调试

（一）校准程序

机器人的校准程序配合视觉控制器中的校准程序，可以自动进行视觉系统的校准，程序如图 2-3-13 所示。打开视觉控制器后，机器人运行 TEST. prg 程序，即可自动进行视觉系统的校准。

（二）机器人搬运程序

机器人搬运程序主要完成抓取位置获取、抓取齿轮放置到称重位称重和齿轮放料等功能，流程如图 2-3-14 所示。

```
1    CallP "CLIBCCD", "M1", PGet
2    ' Hlt
3    Mov P_Flash
4  End
```

a) TEST.prg

```
1  FPrm Csenddata$, PGet
2    ' "M1" 触发拍照数据
3    Open "COM2:"As #1
4    Wait M_Open(1)=1
5    Print #1, Csenddata$
6    Input #1, M_X, M_Y, M_R
7    Dly 1
8    Close
9    P_Flash=PGet
10   P_Flash.X=P_Flash.X+M_X
11   P_Flash.Y=P_Flash.Y+M_Y
12   P_Flash.C=P_Flash.C+Rad(M_R)
13 End
```

b) CLIBCCD.prg

图 2-3-13　机器人校准程序

49

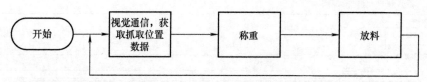

图 2-3-14　机器人搬运程序流程图

机器人搬运程序如图 2-3-15 所示。

三、通信模块的组态

西门子 S7-1200 PLC 可以增加 3 个通信模块，安装在 CPU 模块的左边。在 TIA（博图）软件中，进入 PLC 的设备组态，在硬件目录中可以看到，PLC 的通信模块列表，如图 2-3-16 所示。

```
1   'main
2  *Main
3     For M1=5 To 15
4         M_Out(M1)=0
5     Next M1
6     Servo On                                   '启动电动机
7  '  Wait M_In(5)=1                             '等待齿轮到位信号
8     GoSub *CCD_Communication                   '调用网络沟通程序
9     Mov PFlash
10    M_Out(8)=1                                 '请求到达伺服位置1
11    Wait M_In(8)=1                             '伺服到达位置1
12    M_Out(8)=0
13    CallP "WORKPATH",PRReady,PFlash,1
14    M_Out(9)=1                                 '请求到达伺服位置2
15    Wait M_In(9)=1                             '伺服到达位置2
16    M_Out(9)=0
17    CallP "WORKPATH",PLReady,PWeight,0
18    M_Out(12)=1                                '请求称重
19    Wait M_In(12)=1                            '称重完成
20    M_Out(12)=0
21    CallP "WORKPATH",PLReady,PWeight,1
22    M_Out(13)=1                                '请求放料
23    Wait M_In(13)=1                            '允许放料
24    M_Out(13)=0
25    Select M_00#
26        Case 1
27            CallP "WORKPATH",PLReady,PlaceA,0   '放置太阳轮位置
28            Break
29        Case 2
30            CallP "WORKPATH",PLReady,PlaceB,0   '放置行星齿轮1位置
31            Break
32        Case 3
33            CallP "WORKPATH",PLReady,PlaceC,0   '放置行星齿轮2位置
34            Break
35        Case 4
36            CallP "WORKPATH",PLReady,PlaceD,0   '放置行星齿轮3位置
37            Break
38        Default
39            Break
40    End Select
41    M_Out(14)=1                                '放料完成
42  End
43
44  *CCD_Communication                           '视觉沟通程序
45    Msenddata=1                                '触发拍照数据
46    Open "COM2:"As #1
47    Wait M_Open(1)=1
48    Print #1,Msenddata
49    Input #1,M_00#,M_01#,M_02#,M_03#
50    Dly 1
51  '  Close
52    PFlash=PGet
53    PFlash.X=PFlash.X+M_01#
54    PFlash.Y=PFlash.Y+M_02#
55    PFlash.C=PFlash.C+Rad(M_03#)
56  Return
```

a) main.prg

```
1  FPrm PReady,PLocation,M100
2      Mov PReady
3      Mov PLocation+(+0.000,+0.000,+50.000,+0.000)
4      Mov PLocation
5      M_Out(7)=M100                             '开启吸气信号
6      Wait M_In(7)=M100                         '等待真空到位信号
7      Dly 1
8      Mov PLocation+(+0.000,+0.000,+50.000,+0.000)
9      Mov PReady
10  End
```

b) WORKPATH.prg

图 2-3-15　机器人搬运程序

硬件目录

选项

▼ 目录

<搜索>

☑ 过滤　　配置文件 全部

▶ 📁 通信板
▶ 📁 电池板
▶ 📁 DI
▶ 📁 DQ
▶ 📁 DI/DQ
▶ 📁 AI
▶ 📁 AQ
▶ 📁 AI/AQ
▼ 📁 通信模块
　▼ 📁 Industrial Remote Communication
　　▶ 📁 CP 1243-1
　　▶ 📁 CP 1243-1 DNP3
　　▶ 📁 CP 1243-1 IEC
　　▶ 📁 CP 1242-7
　　▶ 📁 CP 1243-7 LTE
　　▶ 📁 CP 1243-8 IRC
　　▶ 📁 TS 模块
　▼ 📁 PROFIBUS
　　▶ 📁 CM 1242-5
　　▶ 📁 CM 1243-5
　▼ 📁 点到点
　　▶ 📁 CM 1241 (RS232)
　　▶ 📁 CM 1241 (RS485)
　　▶ 📁 CM 1241 (RS422/485)
▶ 📁 标识系统
▶ 📁 AS-i 接口
▶ 📁 工艺模块

图 2-3-16　PLC 的通信模块列表

分拣工作站中 PLC 使用 CM1241（RS422/485）通信模块与称重模块和 RFID 进行通信，下面进行通信模块的组态，见表 2-3-2。

表 2-3-2 通信模块组态

序号	操作步骤	示意图
1	在 TIA 中添加 PLC 设备，并进入 PLC 的设备组态	
2	找到 CM1241（RS422/485）通信模块，并双击，将其添加到 101 插槽中。这样就完成了通信模块的组态	

四、SmartLink 远程 I/O 模块的组态

PLC 与 SmartLink 远程 I/O 模块之间的通信采用 PROFINET 通信，在连接好远程 I/O 模块的硬件及完成接线后，须对 SmartLink 远程 I/O 模块进行组态。

由于非西门子的产品在 TIA 软件中不能直接找到配置文件，因此应先导入对应的 GSD 文件，才能对 SmartLink 的适配器及 I/O 进行硬件网络组态及参数设定。

GSD 文件由对应的设备厂商提供，如图 2-3-17 所示，使用者可以在对应的官网

图 2-3-17 GSD 文件下载

51

进行下载。

下载文件后进行 GSD 文件的安装，见表 2-3-3。

表 2-3-3　GSD 文件的安装

序号	操作步骤	示意图
1	在 TIA 软件菜单栏目中单击"选项"，选择"管理通用站描述文件 GSD（D）"命令	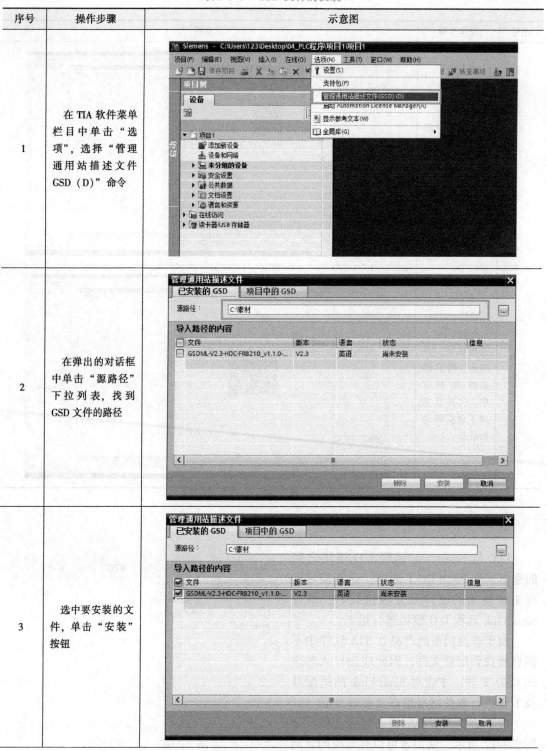
2	在弹出的对话框中单击"源路径"下拉列表，找到 GSD 文件的路径	
3	选中要安装的文件，单击"安装"按钮	

（续）

序号	操作步骤	示意图
4	安装完成后，在硬件目录中可以查看该 PROFINET 远程 I/O 设备	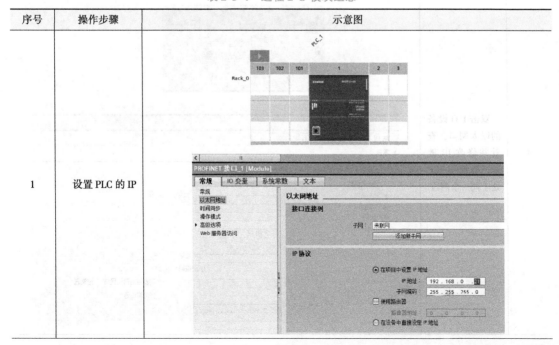

接着需要对远程 I/O 模块进行组态，见表 2-3-4。

表 2-3-4　远程 I/O 模块组态

序号	操作步骤	示意图
1	设置 PLC 的 IP	

（续）

序号	操作步骤	示意图
2	切换到网络视图，在硬件目录中找到远程 I/O 适配器 FR8210，并拖拽到视图窗口	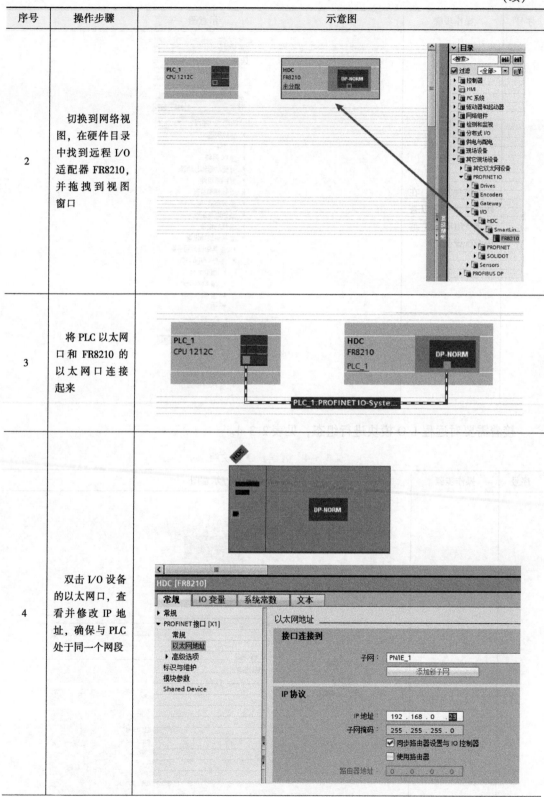
3	将 PLC 以太网口和 FR8210 的以太网口连接起来	
4	双击 I/O 设备的以太网口，查看并修改 IP 地址，确保与 PLC 处于同一个网段	

（续）

序号	操作步骤	示意图
5	切换到"设备视图"选项卡，在硬件目录中的"模块"选项中，拖拽或双击数字量输入模块"DI"选项和数字量输出模块"DO"选项，添加到"设备概览"选项卡中	拓扑视图　网络视图　设备视图　选项 设备概览 模块／机架 ▼ HDC　0 　▶ PN-IO　0 　FR1008_1　0 　FR1008_2　0 　FR1008_3　0 　FR1008_4　0 　FR1008_5　0 　FR2108_1　0 　FR2108_2　0 　FR2108_3　0 　FR2108_4　0 　FR2108_5　0 　　0　0　0　0　0　0　0　0　0 目录 ＜搜索＞ ☑过滤　＜全部＞ ▼ 模块 　▶ AI 　▶ AO 　▼ DI 　　FR1008 　　FR1108 　　FR110A 　　FR1118 　　FR111A 　▼ DO 　　FR2108 　　FR210A 　　FR2118 　　FR211A 　▶ MODBUS 　▶ PO 　▶ RELAY 　▶ RTD/RTU ▶ 前端模块
6	可以手动更改远程I/O模块的地址	设备概览 模块／机架／插槽／I地址／Q地址／类型 ▼ HDC　0　0　　　　　FR8210 　▶ PN-IO　0　0 X1　　　HDC 　FR1008_1　0　1　3　　FR1008 　FR1008_2　0　2　4　　FR1008 　FR1008_3　0　3　5　　FR1008 　FR1008_4　0　4　6　　FR1008 　FR1008_5　0　5　7　　FR1008 　FR2108_1　0　6　　3　FR2108 　FR2108_2　0　7　　4　FR2108 　FR2108_3　0　8　　5　FR2108 　FR2108_4　0　9　　6　FR2108 　FR2108_5　0　10　　7　FR2108 　　0　11 　　0　12

五、伺服/步进驱动功能调试

　　智能分拣站中使用了多个步进电动机或伺服电动机，并使用 PLC 进行运动控制，需要先设置驱动器参数和组态轴工艺对象。

（一）驱动器的设置

1. 步进驱动器的设置

DM422S 驱动器采用八位拨码功能开关设定细分精度、动态电流等参数。八位拨码功能开关描述如图 2-3-18 所示。

| SW1 | SW2 | SW3 | SW4 | SW5 | SW6 | SW7 | SW8 |

动态电流设置   细分精度设置   脉冲模式设置   自测设置

图 2-3-18　八位拨码功能开关描述

驱动器常见的设置参数为动态电流设置、细分精度设置、脉冲模式设置和自测设置。

动态电流设置见表 2-3-5。对于同一电动机，电流设定值越大时，电动机输出力矩越大，但电流大时电动机和驱动器的发热也比较严重。具体发热量的大小不仅与电流设定值有关，也与运动类型及停留时间有关。

表 2-3-5　动态电流设置

输出峰值电流	输出均值电流	SW1	SW2	SW3	说明
0.3（默认）A	0.21A	on	on	on	
0.5A	0.35A	off	on	on	
0.7A	0.49A	on	off	on	
1.0A	0.71A	off	off	on	当 SW1/SW2/SW3 均为 on 时，可以通过串口设置驱动器的峰值电流，不设置默认为 0.3A，范围可设置 0.3~1.5A
1.3A	0.92A	on	on	off	
1.6A	1.13A	off	on	off	
1.9A	1.34A	on	off	off	
2.2A	1.56A	off	off	off	

细分精度设置见表 2-3-6。步进电动机出厂时都注明"电动机固有步距角"（如 0.9°/1.8°，表示半步工作时每走一步转过的角度为 0.9°，整步工作时为 1.8°）。但在很多精密控制的场合，整步的角度太大，影响控制精度，同时振动太大，所以要求分很多步走完一个电动机固有步距角，这就是所谓的细分驱动，能够实现此功能的电子装置称为细分驱动器。

表 2-3-6　细分精度设置

步数/转	SW4	SW5	SW6	说明
200（默认）	on	on	on	
400	off	on	on	
800	on	off	on	
1600	off	off	on	当 SW4/SW5/SW6 均为 on 时，可以通过调试软件设置每转脉冲数，可设置范围是 200~51200，注意：只能设置 200 的整数倍。即对应的细分是 1~256
3200	on	on	off	
6400	off	on	off	
12800	on	off	off	
25600	off	off	off	

2. 伺服驱动器的设置

禾川 X3E 系列伺服驱动器常用设置参数为 P00.08 脉冲数设置、P04.11 使能内部伺服 ON 和 P04.38 DO 端子逻辑电平选择。

1）P00.08 脉冲数设置：可直接指定伺服电动机一圈所需要的脉冲个数，根据实际情况设置。

2）P04.11 使能内部伺服 ON：默认为 0，现设为 1。

3）P04.38 DO 端子逻辑电平选择：默认为 1（常闭），现设为 0（常开）。

（二）轴工艺对象的组态

设置完驱动器参数后，在博图软件中进行轴工艺对象的组态，步骤见表 2-3-7。

轴工艺对象
的组态

表 2-3-7　轴工艺对象组态

序号	操作步骤	示意图
1	在"项目树"中双击"新增对象"命令，在弹出的对话框中更改轴对象名称，然后选中"TO_PositioningAxis"选项，其他选项保持默认，单击"确定"按钮	
2	在"常规"列表框中，可以更改轴对象的名称，驱动器设置为"PTO（Pulse Train OutPut）"，"位置单位"设置为"mm"	

（续）

序号	操作步骤	示意图
3	在"驱动器"列表框中，添加脉冲发生器，并关联脉冲输出和方向输出信号	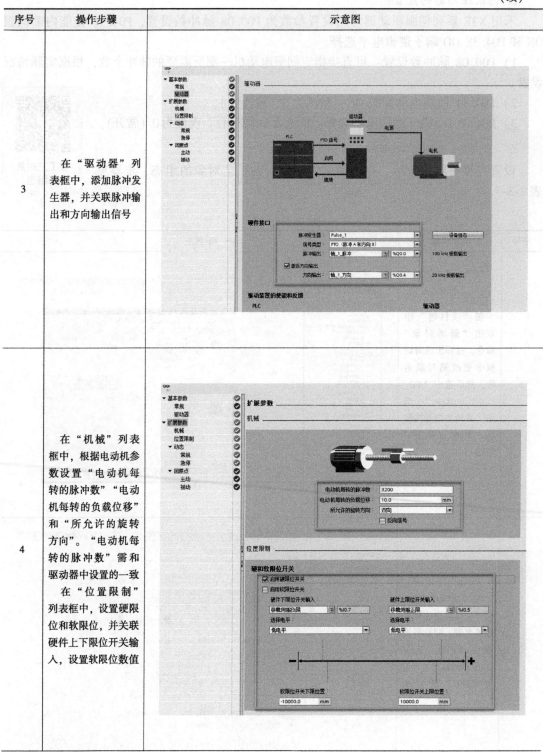
4	在"机械"列表框中，根据电动机参数设置"电动机每转的脉冲数""电动机每转的负载位移"和"所允许的旋转方向"。"电动机每转的脉冲数"需和驱动器中设置的一致 在"位置限制"列表框中，设置硬限位和软限位，并关联硬件上下限位开关输入，设置软限位数值	

（续）

序号	操作步骤	示意图
5	在"常规"列表框中，根据需要设置"速度限值的单位""最大转速""启动/停止速度""加速度""减速度"等参数	
6	在"急停"列表框中，设置"急停减速时间"	
7	在"主动"列表框中，设置回原点方向、速度等参数	

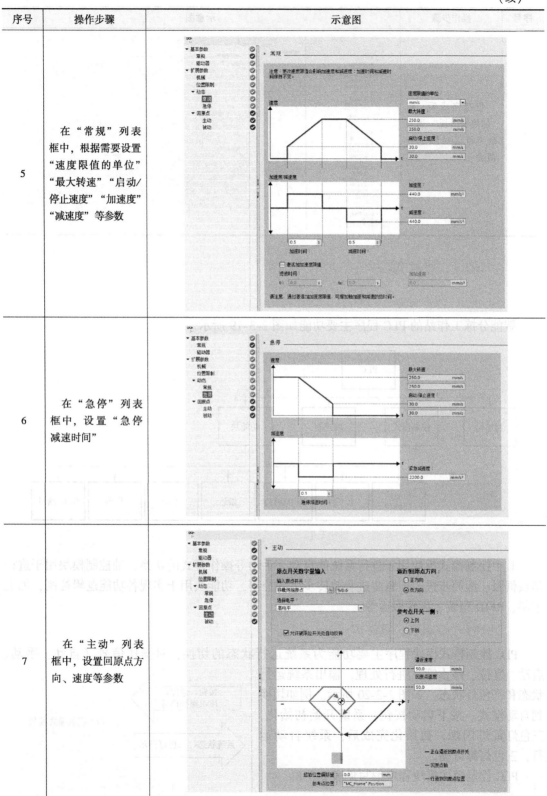

（续）

序号	操作步骤	示意图
8	组态完成后，在"轴控制面板"列表框中可以对轴进行调试	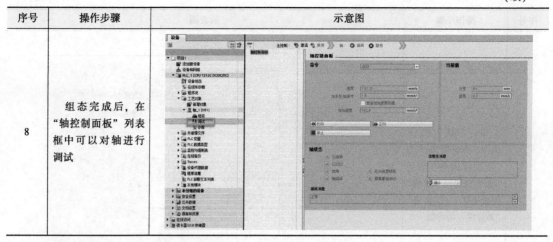

六、PLC 程序编写

（一）PLC 程序分析

智能分拣工作站的 PLC 程序主要功能如图 2-3-19 所示。

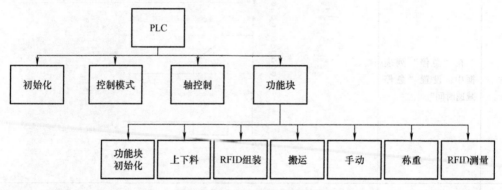

图 2-3-19　PLC 程序主要功能

其中控制模式模块用于进行系统的自动、手动等操作模式的切换，轴控制模块用于进行移栽伺服、滚筒步进、上料步进和旋转步进的控制，功能块用于实现各功能逻辑控制，如上下料、RFID 组装、齿轮搬运等。

（二）PLC 控制模式程序编写

PLC 控制模式模块程序主要功能为系统运行状态的切换，对操作信号（自动、手动、启动、复位、停止等）进行处理，输出系统运行状态和三色灯状态，如图 2-3-20 所示。例如切换到自动模式，按下启动按钮，系统开始初始化，三色灯黄灯闪烁，初始化完成后，系统自动运行，三色灯绿灯亮。

PLC 控制模式模块程序编写见表 2-3-8。

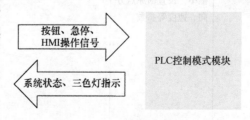

图 2-3-20　PLC 控制模式图

表 2-3-8 PLC 控制模式模块程序

序号	操作步骤	示意图
1	创建 PLC_Mode FB 块,并创建输入/输出变量	
2	程序段 1 为系统初始化状态程序。自动模式时,系统启动后,系统开始初始化,直到初始化完成(即系统自动启动中)	
3	程序段 2 为系统手动模式程序	
4	程序段 3 为系统自动启动中程序,即系统自动运行状态	
5	程序段 4 为系统停止状态程序	

（续）

序号	操作步骤	示意图
6	程序段6为系统报警程序	**程序段6：系统报警** 注释 #设备报警中 ──┤├──────────────────── #三色灯蜂鸣器 ──( )──
7	程序段7为系统三色灯状态程序，即系统在不同状态下时，三色灯不同颜色的灯亮。如系统初始化过程中，黄灯闪烁	**程序段7：系统三色灯** 注释 #系统初始化中 ──┤├── #系统时钟 ──┤├── #系统自动启动中 ──┤/├──── #三色灯黄色 ──( )── #系统初始化完成 ──┤├── #系统手动模式中 ──┤├── #系统初始化中 ──┤/├── #系统暂停中 ──┤├── #系统自动启动中 ──┤├──────────── #三色灯绿色 ──( )── #系统急停中 ──┤├──────────── #三色灯红色 ──( )──
8	创建主控制流程FB块，并在主控制流程FB块中调用PLC_Mode FB块，并将对应的信号连接到引脚上	 %DB15 "01、PLC_Mode_DB" %FB5 "01、PLC_Mode" EN ── ENO %I3.1 "启动按钮" ── 设备启动Button ── 系统初始化中 ── #系统初始化中 系统自动启动中 ── #系统自动运行中 %I3.2 "停止按钮" ── 系统手动模式中 ── #系统手动模式中 设备停止Button ── 系统暂停中 ── false %I3.5 "手/自动" ── 设备手动/自动Button ── 系统急停中 ── #系统暂停中 系统停止中 ── #系统停止中 false ── 设备暂停Button ── 系统复位中 ── #系统复位中 %I3.4 "急停" ──┤/├── 设备急停Button ── 三色灯黄色 ── %Q4.1 "三色灯_黄灯" false ── 设备继续Button ── 三色灯绿色 ── %Q4.0 "三色灯_绿灯" %I3.3 "复位按钮" ── 设备复位Button ── 三色灯红色 ── %Q4.2 "三色灯_红灯" %I5.3 "RFID推料前限" ── 设备光栅 ── 三色灯蜂鸣器 ── %Q4.3 "三色灯_报警" false ── 设备报警中 #系统初始化完成 ── 系统初始化完成 %M0.4 "Clock_1.25Hz" ── 系统时钟 %DB5.DBX0.3 "HMI".HMI_三色灯_黄灯 ── HMI_三色灯_黄灯 %DB5.DBX0.2 "HMI".HMI_三色灯_绿灯 ── HMI_三色灯_绿灯 %DB5.DBX0.4 "HMI".HMI_三色灯_红灯 ── HMI_三色灯_红灯 %DB5.DBX0.5 "HMI".HMI_三色灯_报警 ── HMI_三色灯_报警

(三) 轴控制程序编写

轴控制程序包括初始化、运动控制、位置示教、位置状态、动作启动、位置数据传输和伺服状态等。在此以上料步进电动机的控制程序为例进行讲解。

1. 运动控制程序编写

运动控制程序用于进行电动机的使能、复位、移动等控制，程序编写见表 2-3-9。

表 2-3-9 运动控制程序

序号	操作步骤	示意图
1	创建 2_Axis_Control FB 块。程序段 1 为上料步进使能程序，Axis 引脚的输入为对应的轴工艺对象	
2	程序段 2 为上料步进复位程序	
3	程序段 3 为上料步进回原点程序	

(续)

序号	操作步骤	示意图
4	程序段4为上料步进停止程序	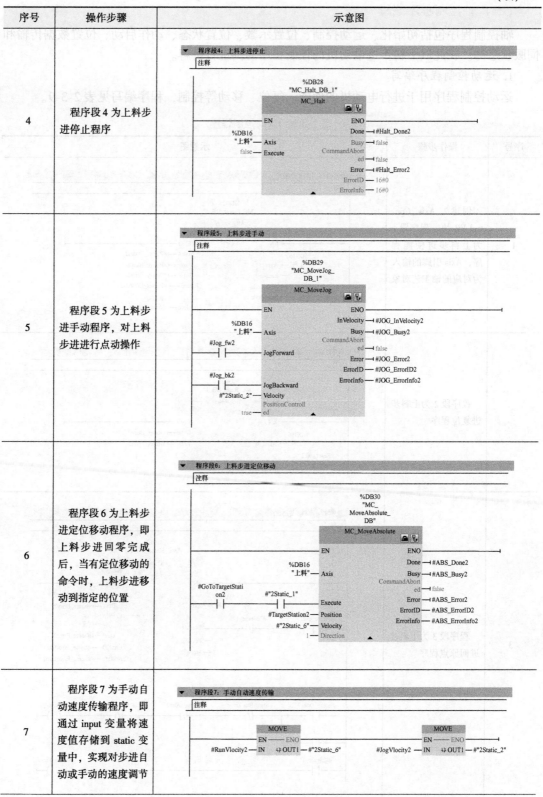
5	程序段5为上料步进手动程序，对上料步进进行点动操作	
6	程序段6为上料步进定位移动程序，即上料步进回零完成后，当有定位移动的命令时，上料步进移动到指定的位置	
7	程序段7为手动自动速度传输程序，即通过input变量将速度值存储到static变量中，实现对步进自动或手动的速度调节	

（续）

序号	操作步骤	示意图
8	程序段 8 为当前位置、当前速度监控程序，即将当前的速度和位置采集出来，并通过触摸屏等显示出来	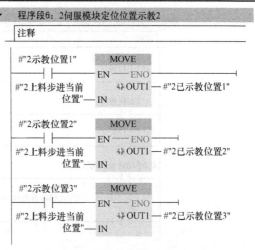 程序段8：当前位置、当前速度监控
9	创建 Axis_Control FB 块，调用 2_Axis_Control FB 块	

2. 上料步进位置示教

在 Axis_Control FB 块中编写上料步进位置示教程序，如图 2-3-21 所示。该程序用于轴的手动示教，即手动将轴移动到目标位置后，激活示教信号，程序记录当前的位置，并保存起来。

3. 上料步进位置状态

在 Axis_Control FB 块中编写上料步进位置状态程序，如图 2-3-22 所示。该程序用于判断上料步进是否到达目标位置。

图 2-3-21　上料步进位置示教程序

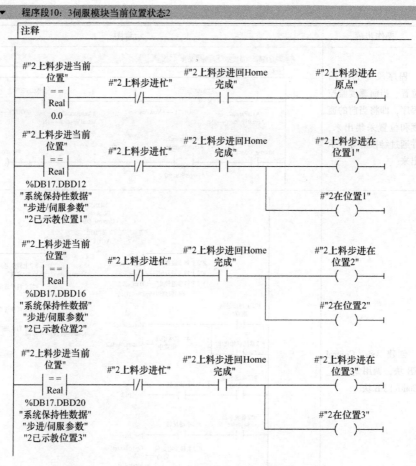

图 2-3-22　上料步进位置状态程序

4. 上料步进动作启动

在 Axis_Control FB 块中编写上料步进动作启动程序，如图 2-3-23 所示。该程序用于上料步进的动作启动，下达移动命令后，激活"2 上料步进定位启动"程序。

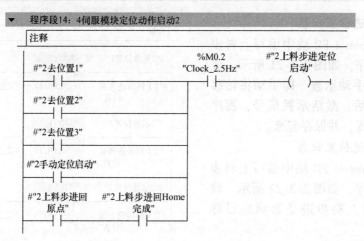

图 2-3-23　上料步进动作启动程序

5. 上料步进数据传输

在 Axis_Control FB 块中编写上料步进数据传输程序，如图 2-3-24 所示。该程序用于在下达不同定位启动命令时，将对应的位置数据传输到"2 上料步进定位位置"中。

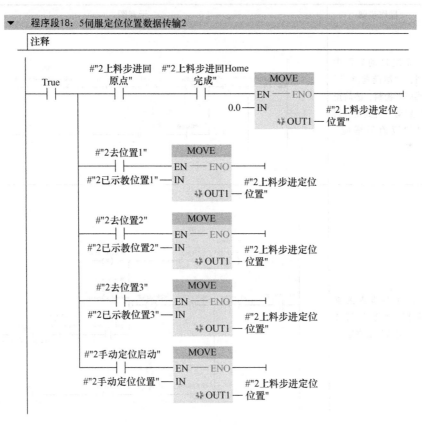

图 2-3-24　上料步进数据传输程序

6. 上料步进状态

在 Axis_Control FB 块中编写上料步进状态程序，如图 2-3-25 所示。该程序用于采集上料步进的轴状态。

编写完轴控制程序 Axis_Control FB 块后，在主控制程序中进行调用。

（四）功能块程序编写

功能块中，初始化程序用于对气缸、操作请求等数据进行初始化。手动程序功能为通过触摸屏控制气缸和调速带。上下料、RFID 组装和搬运程序逻辑类似，以上下料程序为例进行程序讲解。称重测量程序和 RFID 测量程序逻辑类似，以 RFID 测量程序为例进行讲解。

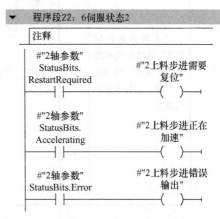

图 2-3-25　上料步进状态程序

67

1. 上下料程序

在功能块 FB 块中编写上下料程序见表 2-3-10。

表 2-3-10　上下料程序

序号	操作步骤	示意图
1	系统自动运行中时，"滚筒前感应"感应到物料，滚筒正向启动，直到物料到达"滚筒后感应"位置	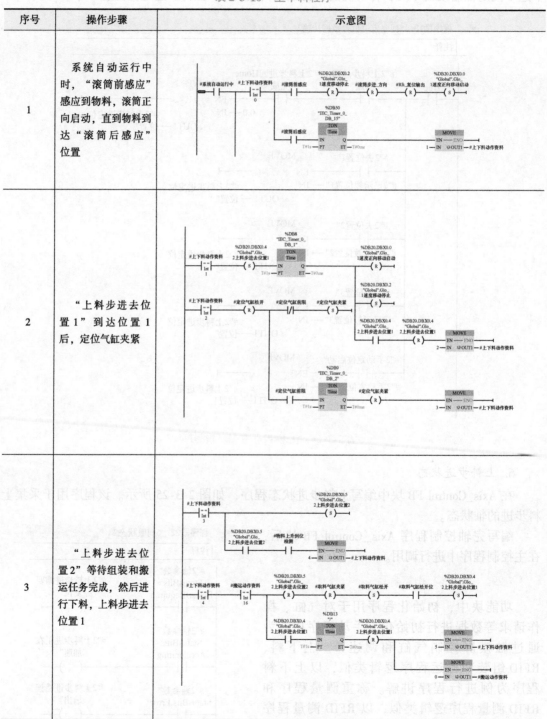
2	"上料步进去位置1"到达位置1后，定位气缸夹紧	
3	"上料步进去位置2"等待组装和搬运任务完成，然后进行下料，上料步进去位置1	

（续）

序号	操作步骤	示意图
4	定位气缸松开，滚筒将物料送出	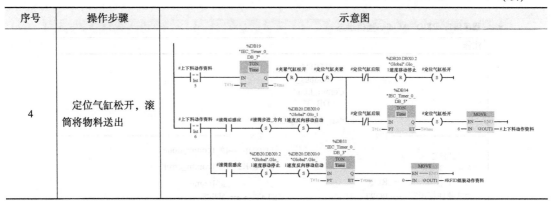

2. RFID 测量程序

RFID 测量程序用于读取 RFID 中的信息，如图 2-3-26 所示。

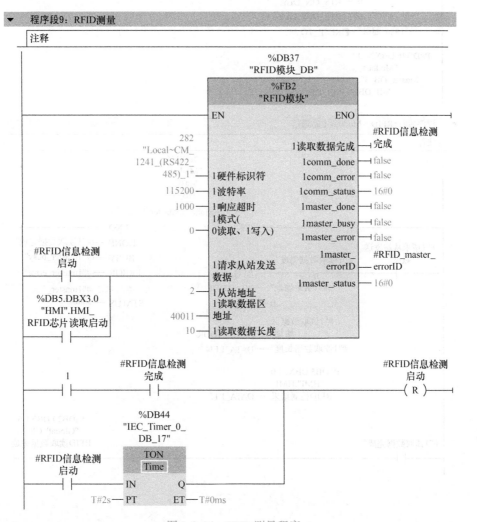

图 2-3-26　RFID 测量程序

其中，RFID 模块的程序如图 2-3-27 所示。

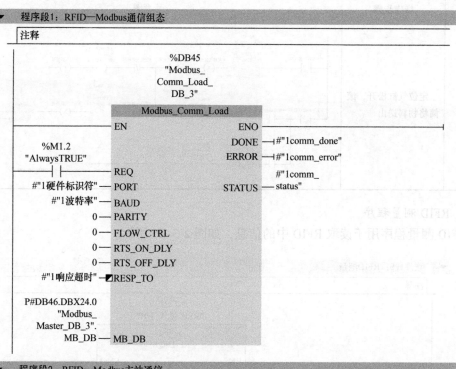

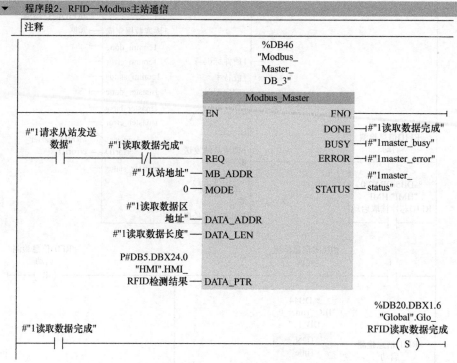

图 2-3-27　RFID 模块程序

项目三

智能组装工作站装配与调试

项目概述

组装操作工序影响着组装操作的劳动强度、工作效率以及生产质量。尤其在生产环节中，如何避免人工错装、漏装等操作失误，更高效率地完成装配作业，是实现制造业转型升级的关键所在。本项目以行星齿轮组装工作站为例，介绍智能组装工作站的装配与调试。

知识图谱

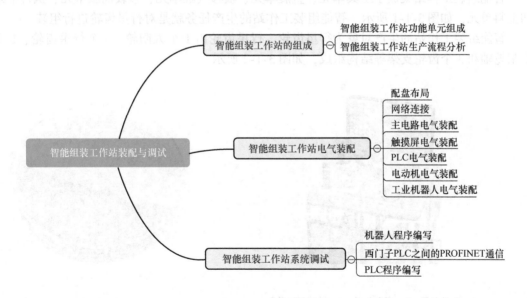

```
                              ┌── 智能组装工作站功能单元组成
                ┌─ 智能组装工作站的组成 ─┤
                │                        └── 智能组装工作站生产流程分析
                │
                │                        ┌── 配盘布局
                │                        ├── 网络连接
                │                        ├── 主电路电气装配
智能组装工作站装配与调试 ─┼─ 智能组装工作站电气装配 ─┤── 触摸屏电气装配
                │                        ├── PLC电气装配
                │                        ├── 电动机电气装配
                │                        └── 工业机器人电气装配
                │
                │                        ┌── 机器人程序编写
                └─ 智能组装工作站系统调试 ─┤── 西门子PLC之间的PROFINET通信
                                         └── PLC程序编写
```

任务一　智能组装工作站的组成

学习情境

制造公司希望以智能制造工厂的定位需求为参考，利用智能组装工作站，实现行星齿轮产品的智能化、自动化组装。那行星齿轮工作站是如何完成产品的组装工作的呢?

学习目标

1. 知识目标

1) 了解智能组装工作站的功能。

2) 了解智能组装工作站的组成部分及各模块的功能。

3) 了解智能组装工作站的生产流程。

2. 技能目标

1) 能够熟练介绍智能组装工作站的结构及各自功能。

2) 能够熟练介绍智能组装工作站的生产流程。

3. 素养目标

1) 严格执行规范,养成严谨科学的工作态度。

2) 养成较强的实践和创新能力。

3) 严格执行 6S 现场管理。

本任务对应的任务书、引导问题、计划实施、评价反馈详见本书附册《智能制造生产线装调与维护技能训练活页式工作手册》,请根据教学需要完成对应任务内容。

相关知识点

智能组装工作站集成了工具单元、直震单元、横移气缸单元、移栽伺服单元、执行单元和上料单元,如图 3-1-1 所示。智能组装工作站的生产任务就是对行星齿轮进行组装。

智能组装工作站的生产对象为行星齿轮。行星齿轮由 1 个太阳轮、3 个行星齿轮、1 个太阳轮轴和 3 个齿轮支架等结构组成,如图 3-1-2 所示。

图 3-1-1 智能组装工作站

1—工具单元 2—直震单元 3—横移气缸单元
4—移栽伺服单元 5—执行单元 6—上料单元

图 3-1-2 行星齿轮

一、智能组装工作站功能单元组成

(一) 工具单元

工具单元由工作台、工具架、工具等组件构成。工具单元是执行单元的

智能组装工
作站的组成

附属单元，用于存放不同功用的工具，如图 3-1-3 所示。

可通过程序控制工业机器人到指定位置安装或释放工具。工具单元提供了 4 种不同类型的工具，各工具功能见表 3-1-1。每种工具均配置了快换模块工具端，可以与快换模块法兰端匹配。

螺钉批工具
盖板夹爪
吸盘工具
料盘夹爪

图 3-1-3　工具单元

表 3-1-1　工具功能清单

序号	工具名称	功能示意
1	料盘夹爪	
2	盖板夹爪	
3	螺钉批工具	
4	吸盘工具	

（二）直震单元

直震单元由直震、笔形气缸、输送平台等组成，如图 3-1-4 所示，用于输送螺钉和轴承，气缸顶起螺钉到一定高度让机器人吸取。

（三）横移气缸单元

横移气缸单元由气动夹爪、横移气缸等组成，如图3-1-5所示，用于输送齿轮外框料盘到组装区。

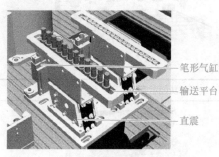

笔形气缸

输送平台

直震

图 3-1-4　直震单元

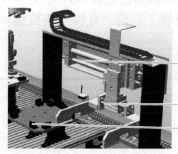

横移气缸

气动夹爪

组装区

图 3-1-5　横移气缸单元

（四）移栽伺服单元

移栽伺服单元由伺服电动机、运输盘等组成，如图3-1-6所示，用于输送大、小齿轮料盘到执行单元。

（五）执行单元

执行单元由工作台、工业机器人、快换模块法兰端、远程 I/O 模块等组件构成，如图3-1-7所示。执行单元主要利用不同工具实现对零件的拾取和组装，是应用平台的核心单元。工业机器人选用 ABB 品牌的桌面级小型工业机器人 IRB120，六自由度可使其在工作空间内自由活动，完成以不同姿态拾取零件或加工。快换模块法兰端安装在工业机器人末端法兰上，可与快换模块工具端匹配，实现工业机器人工具的自动更换。执行单元的流程控制信号由远程 I/O 模块通过工业以太网与总控单元实现交互。

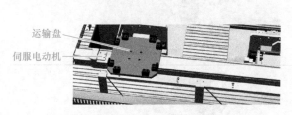

运输盘

伺服电动机

图 3-1-6　移栽伺服单元

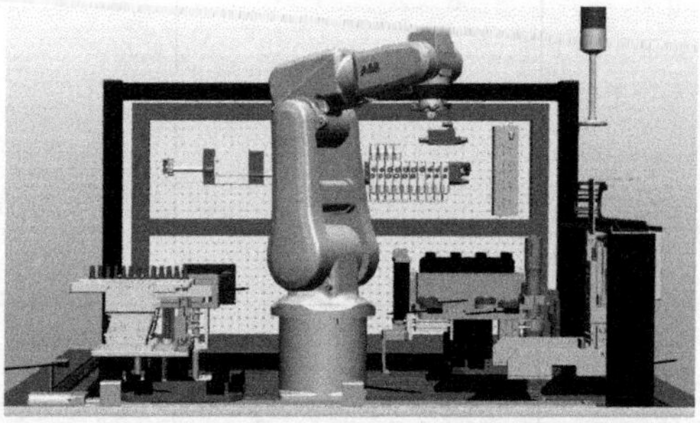

图 3-1-7　执行单元

（六）上料单元

行星齿轮装置站的上料单元由左、右两个送料装置组成，左边用于输送大、小齿轮料盘，右边用于输送齿轮外框，如图3-1-8所示。

图 3-1-8　上料单元

（七）工作站的组装示意图

智能组装工作站的组装示意图，如图 3-1-9 所示。

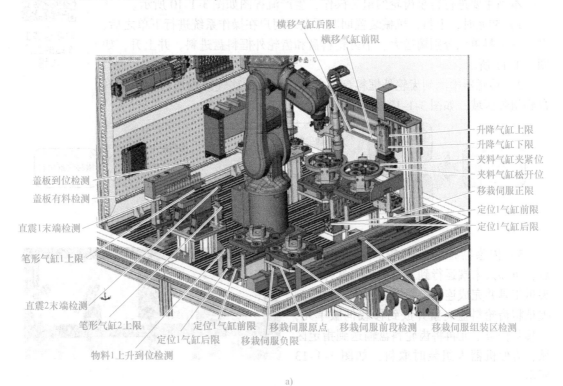

a)

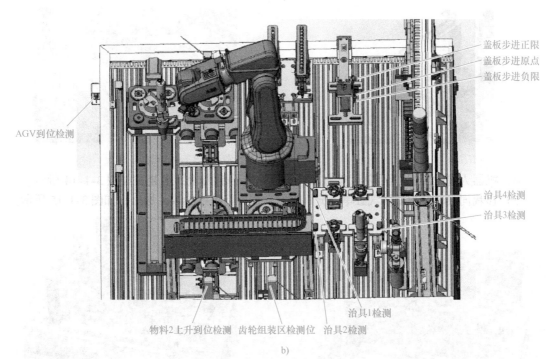

b)

图 3-1-9　智能组装工作站示意图

二、智能组装工作站生产流程分析

本站主要进行行星齿轮的组装操作,生产流程图如图 3-1-10 所示。

1)初始时,上料、机械装置回归原点。用户在操作系统进行下单之后,左、右上料单元分别输送大、小齿轮料盘和齿轮外框料盘进料,并上升,如图 3-1-11 所示。

2)传感器检测到齿轮外框料盘上升到位后,横移气缸输送齿轮外框料盘到组装区域,如图 3-1-12 所示。

图 3-1-10 智能组装工作站生产流程图

3)传感器检测到齿轮料盘上升到位后,机器人末端运行到工具单元,选择料盘夹爪工具并完成连接,然后机器人通过料盘夹爪将齿轮料盘夹紧并放到移栽伺服单元,由移栽伺服单元再将齿轮料盘输送到指定区域,方便机器人组装时取料,如图 3-1-13 所示。

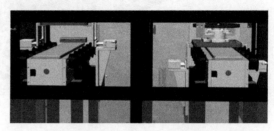

图 3-1-11 左、右上料单元输送物料

图 3-1-12 横移气缸输送齿轮外框料盘

图 3-1-13 移栽伺服单元运输齿轮料盘

4)机器人提取工具单元中对应的工具,并完成行星齿轮的组装,如图 3-1-14 所示。

5)移栽伺服单元和横移气缸单元分别将空料盘、行星齿轮成品送出,如图 3-1-15 所示。

图 3-1-14 行星齿轮组装

图 3-1-15 空料盘与行星齿轮成品出料

任务二　智能组装工作站电气装配

学习情境

了解了智能组装工作站的组成之后，就要根据设计人员提供的电气原理图进行安装调试，接下来，本任务完成对智能组装工作站各模块电路图的识读，然后再选择合适的工具根据电气原理图进行电气装配。

学习目标

1. 知识目标
1）了解智能组装工作站中用到的电气元件。
2）理解各部分的电气原理图。
2. 技能目标
1）能够根据配盘布局图对电气元件进行安装布局。
2）能根据电气原理图进行电气装配。
3. 素养目标
1）严格执行规范，养成严谨科学的工作态度。
2）养成团结协作精神。
本任务对应的任务书、引导问题、计划实施、评价反馈详见本书附册《智能制造生产线装调与维护技能训练活页式工作手册》，请根据教学需要完成对应任务内容。

相关知识点

一、配盘布局

（一）智能组装工作站的电气元件清单

智能组装工作站电控盘中主要电气元件清单见表 3-2-1。其中剩余电流断路器、断路器和接触器用于主电路控制。工作站中用到 2 个 PLC 进行逻辑控制和运动控制，并使用华太模块进行 I/O 点扩展。2 个上料单元中，各用到 1 个步进电动机进行滚筒的控制，横移气缸单元使用 3 个步进电动机进行夹爪的移动控制，因此总共需要 5 个步进电动机和驱动器。移栽伺服单元使用了 1 个伺服电动机，因此需要配备 1 个伺服驱动器。

表 3-2-1　电气元件清单

序号	图号/名称	名称/型号	数量	单位
1	剩余电流断路器	DZ47LE-63C32 30mA（2P）	1	个
2	断路器	NXB-63 C10 10A 2P	1	个
3	断路器	NXB-63 C16 16A 2P	3	个
4	接触器	1810Z-24V	1	个
5	PLC CPU 1212C DC/DC/DC	6ES7 212-1AE40-0XB0	2	个
6	适配器	FR8210	1	个

（续）

序号	图号/名称	名称/型号	数量	单位
7	数字量输入	FR1108	5	个
8	数字量输出	FR2108	5	个
9	终端模块	FR0200	1	个
10	熔断器	RT18 - 32 12A	4	个
11	熔断器底座	RT18 - 32X	2	个
12	开关电源	LRS - 350 - 24	2	个
13	EMI 滤波器	AN - 10A2DW AC250V 10A	1	个
14	交换机	8 口千兆	1	个
15	5 孔插座	5 孔插座 10A 导轨式	3	个
16	插排	6 位总控 3m（超功率保护）	1	个
17	电源插头	3 脚 10A	2	个
18	无线路由器	450M 基础款	1	个
19	继电器模组	G6B - 4BND，国产底座 + 进口继电器	1	个
20	伺服电动机驱动器	禾川 AC220V 400W	1	个
21	步进驱动器	DM422S	5	个

（二）智能组装工作站的配盘布局

根据配盘布局的原则及项目要求，智能组装工作站的电控盘配盘布局如图 3-2-1 所示。

二、网络连接

智能组装工作站与智能分拣工作站一样，利用物联网、工业以太网实现信息互联，接入云端借助数据服务实现一体化联控。本工作站的网络结构图如图 3-2-2 所示。

三、主电路电气装配

智能组装工作站的主电路所需要用到的电气元件主要有低压断路器、熔断器、接触器、急停开关、开关电源和电源插座组成。由于 PLC 和传感器均为 24V 供电，故选用 24V 开关电源，插座用于路由器、空压机等设备的电源。主电路严格遵守电路设计原则。

主电路将 220V 电源接到剩余电流断路器上，再通过断路器接到两个开关电源上。电源及伺服电动机驱动器的动力线由直流继电器控制。上电后，主电路接通；按下急停按钮时，插座及伺服驱动器断电。主电路图如图 3-2-3 所示。

四、触摸屏电气装配

威纶通 MT8102IE 触摸屏的电气装配与智能分拣工作站一致，电气图如图 3-2-4 所示。

五、PLC 电气装配

（一）I/O 地址分配

智能组装工作站使用了两个西门子 S7 - 1200 PLC 作为控制器，I/O 地址分配参考 PLC_1 控制系统分配的 I/O 表，I/O 表请参考附录 B 中表 B-1 ~ 表 B-4，机器人 I/O 分配见表 B-5 和表 B-6。

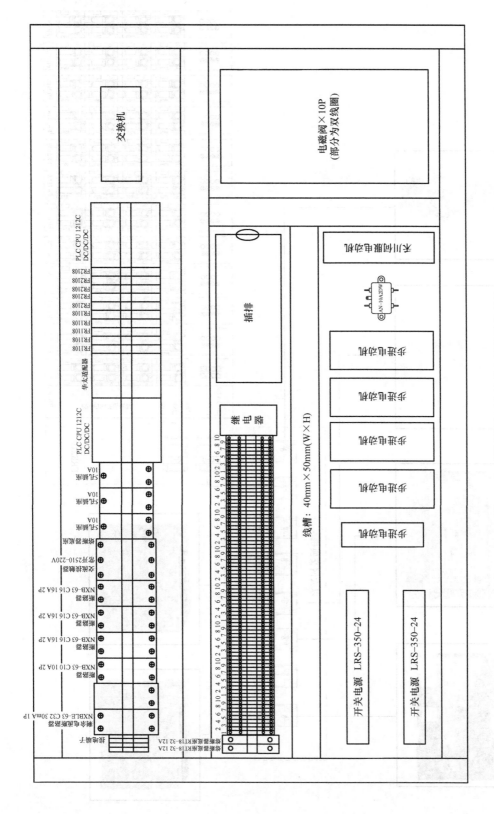

图 3-2-1　智能组装工作站的电控盘配盘布局

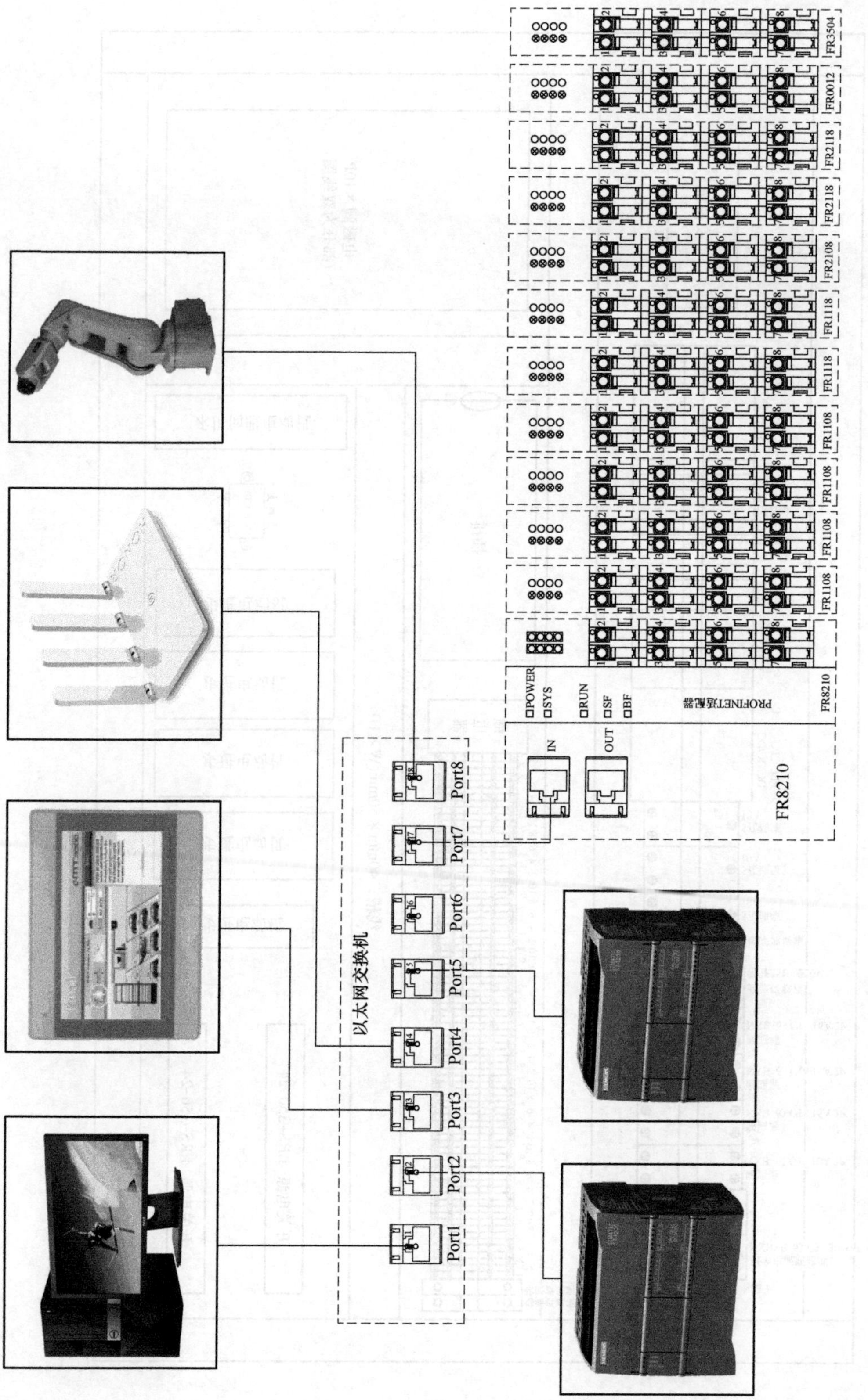
以太网交换机
Port1
Port2
Port3
Port4
Port5
Port6
Port7
Port8
IN
OUT
POWER
SYS
RUN
SF
BF
PROFINET适配器
FR8210
FR8210
FR1108
FR1108
FR1108
FR1108
FR1118
FR1118
FR2108
FR2118
FR2118
FR0012
FR3504

图 3-2-2　网络结构图

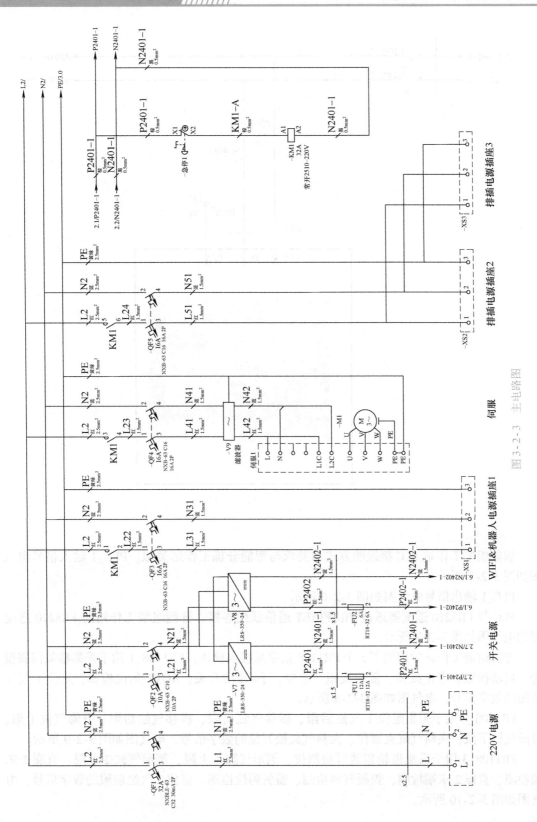

图 3-2-3　主电路图

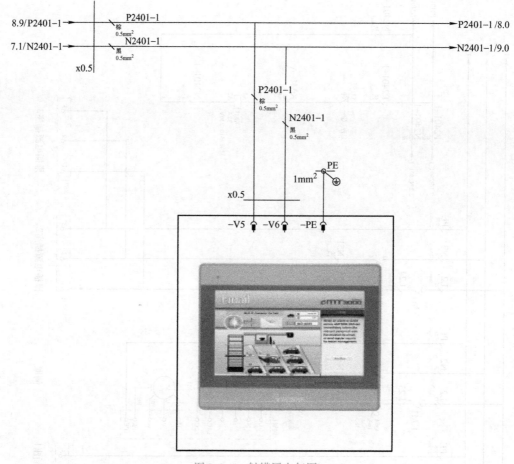

图 3-2-4　触摸屏电气图

（二）PLC 电气装配

智能组装工作站 PLC 接线的方式和要求与智能分拣工作站类似。PLC_1 输入信号电气图如图 3-2-5 所示。

PLC_1 输出信号电气图如图 3-2-6 所示。

PLC 与 FR8210 适配器通过 PROFINET 通信线缆连接。智能组装工作站的 FR8210 适配器的电气图如图 3-2-7 所示。

智能组装工作站中用到了 5 个 FR1108 数字量输入模块，FR1108_1 用于采集移栽伺服报警、启动按钮、停止按钮、复位按钮、急停、手/自动开关、AGV1 到位检测、定位 1 气缸前限的数字信号，电气图如图 3-2-8 所示。

FR1108_2 用于采集定位 1 气缸后限、横移气缸前限、横移气缸后限、升降气缸上限、升降气缸下限、夹料气缸夹紧位、夹料气缸松开位的数字信号，电气图如图 3-2-9 所示。

FR1108_3 用于采集齿轮组装区检测位、笔形气缸 1 上限、笔形气缸 2 上限、直震 1 末端检测、直震 2 末端检测、盖板有料检测、盖板到位检测、定位 2 气缸前限的数字信号，电气图如图 3-2-10 所示。

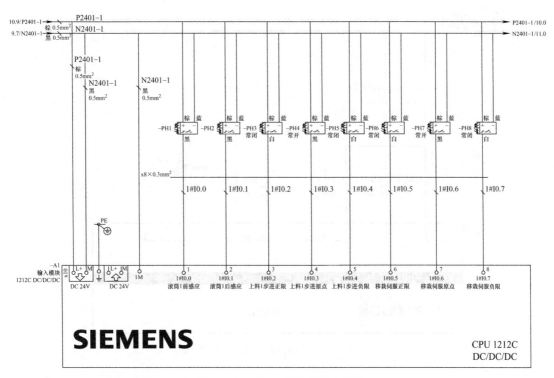

图 3-2-5　PLC_1 输入信号电气图

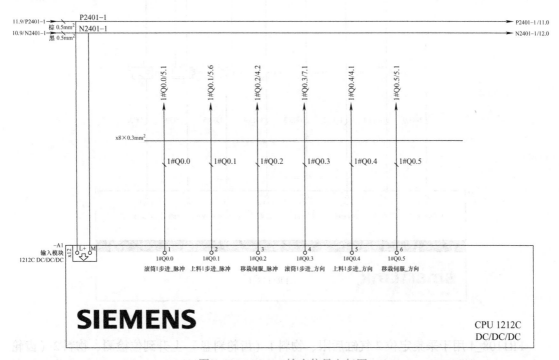

图 3-2-6　PLC_1 输出信号电气图

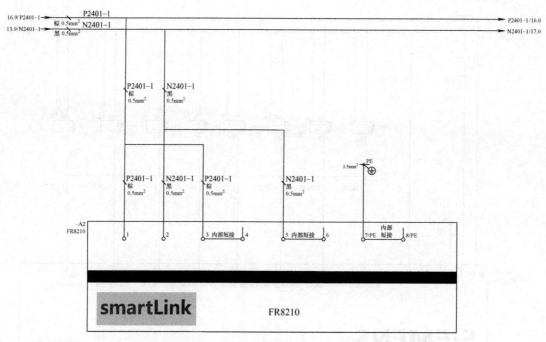

图 3-2-7　FR8210 适配器电气图

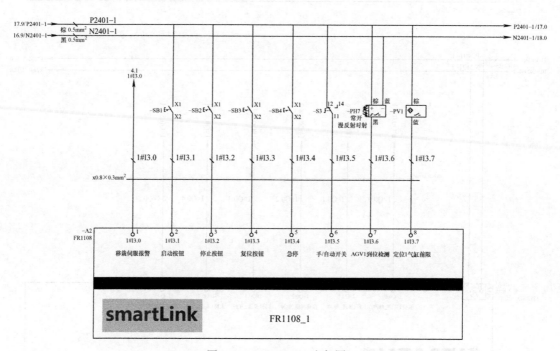

图 3-2-8　FR1108_1 电气图

FR1108_4 用于采集定位 2 气缸后限、物料 1（齿轮料盘）上升到位检测、物料 2（齿轮外框）上升到位检测、移栽伺服前段检测、移栽伺服组装区检测、机器人输出准备、机器人输出运行、机器人输出系统错误的数字信号，电气图如图 3-2-11 所示。

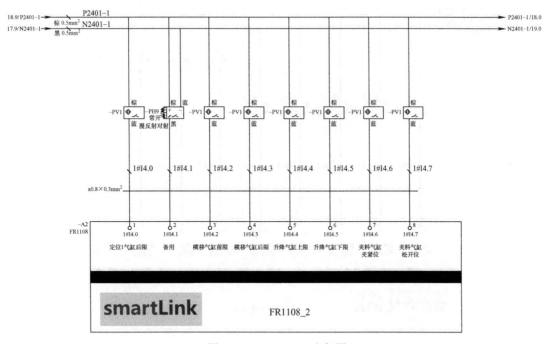

图 3-2-9　FR1108_2 电气图

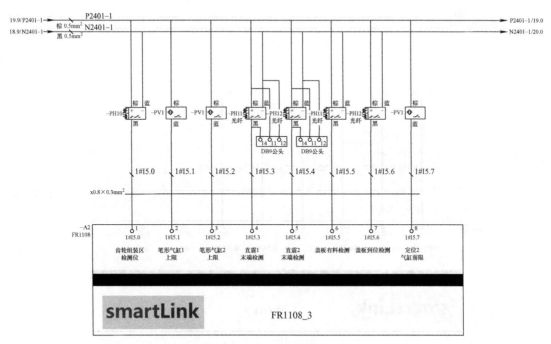

图 3-2-10　FR1108_3 电气图

　　FR1108_5 用于采集机器人输出组信号的数字信号，电气图如图 3-2-12 所示。

　　智能组装工作站用到了 5 个 FR2108 数字量输出模块，FR2108_1 用于给智能组装工作站的移栽伺服电动机复位、2 个上料步进电动机刹车、夹料气缸输出数字量信号，电气图如图 3-2-13 所示。

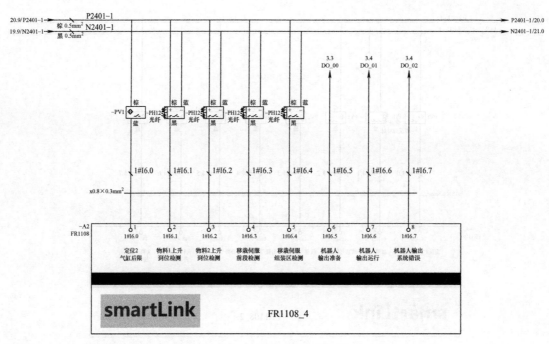

图 3-2-11　FR1108_4 电气图

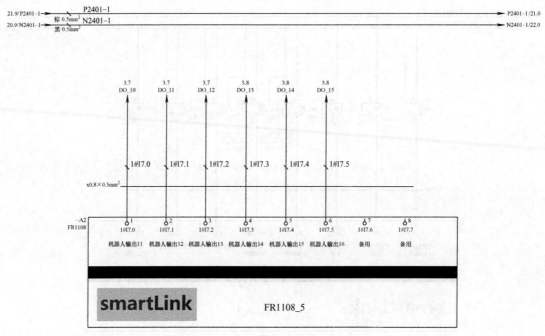

图 3-2-12　FR1108_5 电气图

　　FR2108_2 用于给智能组装工作站的三色灯的点亮和报警、定位 1 气缸夹紧和松开、横移气缸推出和缩回输出数字量信号，电气图如图 3-2-14 所示。

　　FR2108_3 用于给智能组装工作站的升降气缸的上升和下降、笔形气缸 1、笔形气缸 2、定位 2 气缸夹紧和松开输出数字量信号，电气图如图 3-2-15 所示。

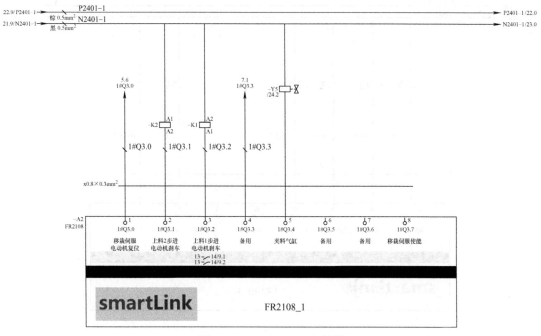

图 3-2-13　FR2108_1 电气图

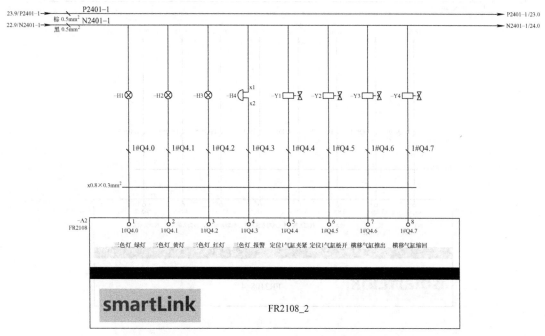

图 3-2-14　FR2108_2 电气图

FR2108_4 和 FR2108_5 用于给智能组装工作站的机器人输入启动、停止、组信号输出数字量信号，电气图如图 3-2-16、图 3-2-17 所示。

PLC_2 的输入信号电气图，如图 3-2-18 所示。

PLC_2 的输出信号电气图，如图 3-2-19 所示。

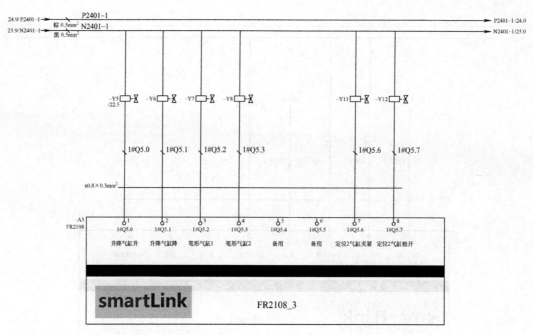

图 3-2-15　FR2108_3 电气图

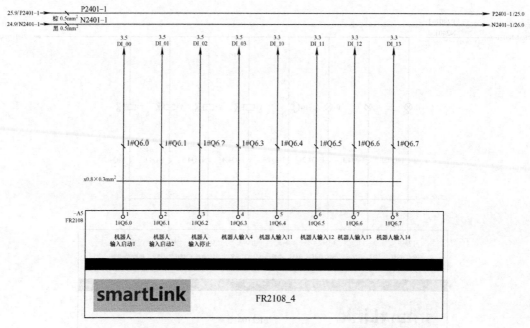

图 3-2-16　FR2108_4 电气图

六、电动机电气装配

（一）伺服电动机电气装配

智能组装工作站的移栽伺服电动机电气装配与智能分拣工作站一致，电气图如图 3-2-20
所示。

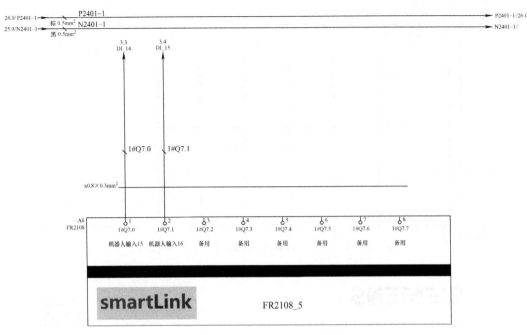

图 3-2-17　FR2108_5 电气图

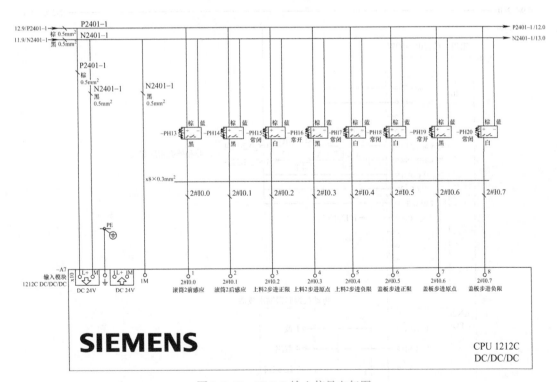

图 3-2-18　PLC_2 输入信号电气图

（二）步进驱动器电气装配

　　智能组装工作站中用到了 5 个步进电动机和配套的驱动器，其中上料 1 步进电动机和上料 2 步进电动机带有刹车功能。步进驱动器电气图如图 3-2-21 ～ 图 3-2-23 所示。

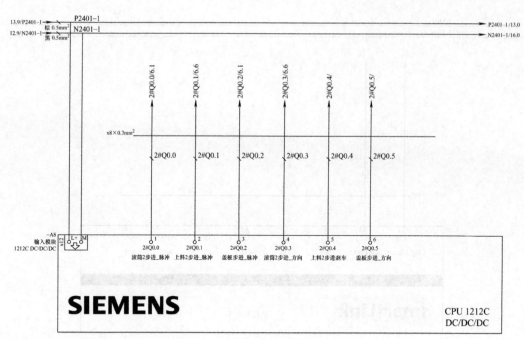

图 3-2-19 PLC_2 输出信号电气图

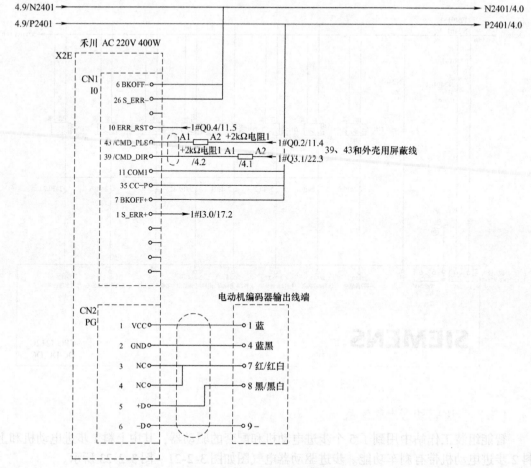

图 3-2-20 伺服电动机电气图

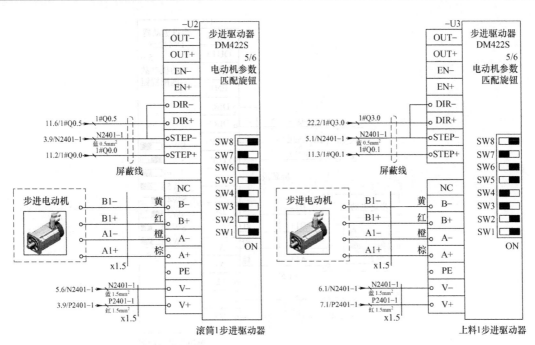

图 3-2-21　步进驱动器电气图_1

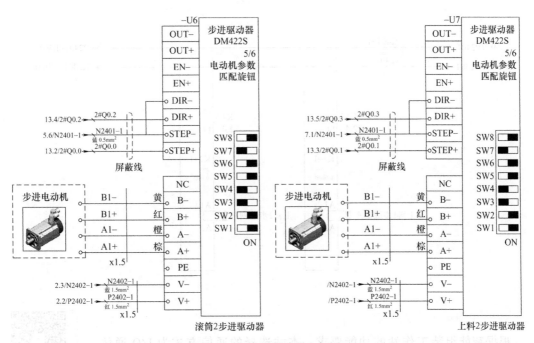

图 3-2-22　步进驱动器电气图_2

图 3-2-24 为上料步进电动机 1 和上料步进电动机 2 的刹车继电器电气图。

七、工业机器人电气装配

智能组装工作站采用了 ABB 工业机器人 IRB 120，工业机器人需要配合组装工作站的动作要求与 PLC 连接进行通信。

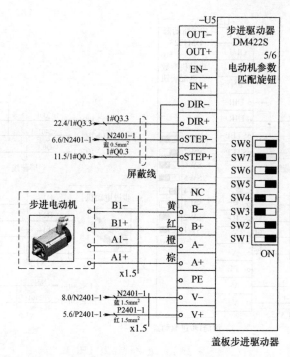

图 3-2-23　步进驱动器电气图_3

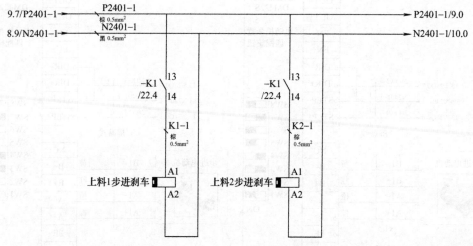

图 3-2-24　刹车继电器电气图

（一）ABB 机器人 I/O 分配

根据智能组装工作站的功能要求，本站选择的通信方式为 I/O 通信，确定通信方式后按照机器人的 I/O 信号板的特性来规划机器人的 I/O 表，请参考附录 B 中表 B-5 和表 B-6。

机器人 I/O 板的配置

（二）ABB 机器人电气装配

机器人电气装配包括连接电源线、I/O 信号等。如将 PLC 的输出端口与机器人的输入信号相连，将 PLC 的输入端口与机器人的输出信号相连。机器人电气图如图 3-2-25 所示。

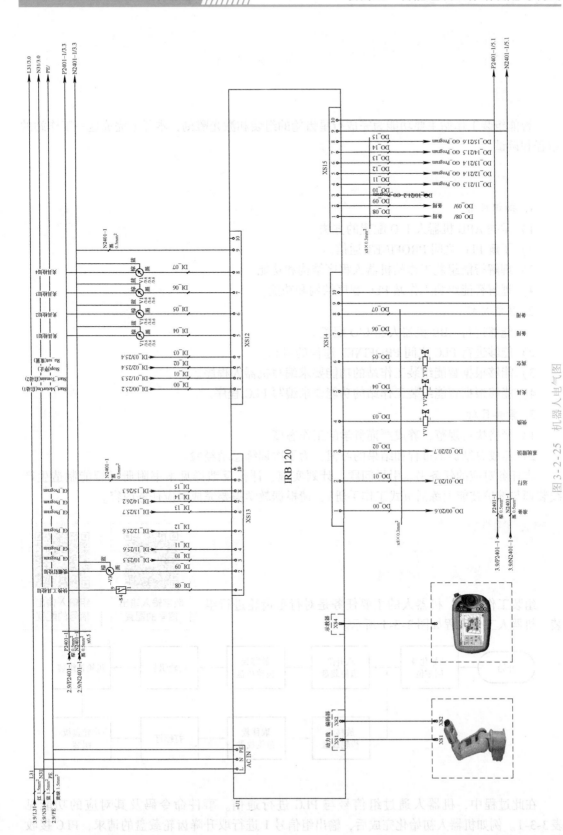

图 3-2-25　机器人电气图

任务三　智能组装工作站系统调试

学习情境

智能组装工作站主要功能为完成行星齿轮的组装和激光雕刻，本任务完成这一工作站的编程和调试。

学习目标

1. 知识目标

1）掌握 ABB 机器人 I/O 配置的方法。

2）了解 PLC 之间 PROFINET 通信。

3）理解智能组装工作站机器人程序结构和功能。

4）理解智能组装工作站 PLC 程序结构和功能。

2. 技能目标

1）能够进行 ABB 机器人的 I/O 配置。

2）能够进行 PLC 之间 PROFINET 通信的组态。

3）能够根据智能组装工作站的功能要求编写机器人程序。

4）能够根据智能组装工作站的功能要求编写 PLC 程序。

3. 素养目标

1）严格执行规范，养成严谨科学的工作态度。

2）养成总结训练过程和结果的习惯，为下次训练总结经验。

本任务对应的任务书、引导问题、计划实施、评价反馈详见本书附册《智能制造生产线装调与维护技能训练活页式工作手册》，请根据教学需要完成对应任务内容。

相关知识点

一、机器人程序编写

组装工作站中，机器人的主要任务是对行星齿轮进行组装。机器人工作流程如图 3-3-1 所示。

数字输入输出信号的配置　**组输入输出信号的配置**

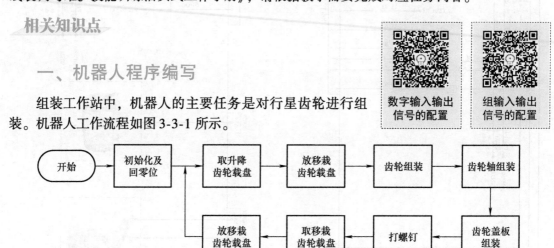

图 3-3-1　机器人工作流程图

在此过程中，机器人通过组信号与 PLC 进行通信。事件命令码及其对应的功能见表 3-3-1。例如机器人初始化完成后，输出组信号 1 进行取升降齿轮载盘的请求，PLC 接收到请求，条件满足（如物料到位）后给机器人发送组信号 1 允许机器人取升降齿轮载盘，机器人接收到组信号 1 后，进行取升降齿轮载盘的操作，操作完成后发送组信号 2，告诉 PLC 完成了取升降齿轮载盘的操作。

表 3-3-1　事件命令码

组输入			组输出		
数值	名称	功能	数值	名称	功能
1	GI_Progam	允许取升降齿轮载盘	1	GO_Program	请求取升降齿轮载盘
2	GI_Program		2	GO_Program	取升降齿轮载盘完成
4	GI_Program	允许放升降齿轮载盘	4	GO_Program	请求放升降齿轮载盘
5	GI_Program		5	GO_Program	放升降齿轮载盘完成
7	GI_Program	允许放移栽齿轮载盘	7	GO_Program	请求放移栽齿轮载盘
8	GI_Program		8	GO_Program	放移栽齿轮载盘完成
10	GI_Program	允许取移栽齿轮载盘	10	GO_Program	请求取移栽轮载盘
11	GI_Program		11	GO_Program	取移栽轮载盘完成
13	GI_Program	允许取齿轮	13	GO_Program	请求取齿轮
14	GI_Program		14	GO_Program	取齿轮完成
20	GI_Program	允许打螺钉	20	GO_Program	请求打螺钉
21	GI_Program	打螺钉 1	21	GO_Program	
22	GI_Program	打螺钉 2	22	GO_Program	
25	GI_Program		25	GO_Program	打螺钉完成
30	GI_Program	允许取固定横梁	30	GO_Program	请求取固定横梁
31	GI_Program		31	GO_Program	取固定横梁完成
35	GI_Program	允许取齿轮轴	35	GO_Program	请求取齿轮轴
36	GI_Program		36	GO_Program	取齿轮轴完成

　　首先编写初始化程序及回零位程序，再在主程序中调用回零位程序，其中 Area_1_Ready 为机器人零位，也是机器人更换工具的准备位置，如图 3-3-2 所示。

　　取升降齿轮载盘流程图如图 3-3-3 所示。

　　编写子程序完成取升降齿轮载盘操作，如图 3-3-4 所示。

　　其他各部分任务程序编写方式类似。

```
PROC Initall()
    AccSet 50,50;
    VelSet 50,5000;
    SocketClose socket1;
ENDPROC
```

a）初始化程序

```
PROC PHome()
    MoveJ Area_1_Ready,v1000,z50,tool0\WObj:=wobj0;
ENDPROC
```

b）回零位程序

图 3-3-2　初始化及回零位程序

二、西门子 PLC 之间的 PROFINET 通信

　　西门子 S7-1200 PLC 使用 PROFINET 通信时，一个用作 PROFINET I/O 控制器，一个用作 PROFINET I/O 设备。一个 PROFINET I/O 控制器最多支持 16 个 PROFINET I/O 设备。

　　PROFINET 通信不使用通信指令，只需要配置好数据传输地址，就能够实现数据的交互，如图 3-3-5 所示。

西门子 PLC 之间的 PROFINET 通信组态

图 3-3-3　取升降齿轮载盘流程图

```
PROC Event1_1()
    GO_Setting 1;
    MoveJ Area_4_Ready,v1000,z50,tool0\WObj:=wobj0;
    MoveL Offs(Area_4_1,0,0,100),v1000,z50,tool0\WObj:=wobj0;
    MoveL Offs(Area_4_1,0,0,10),v1000,z50,tool0\WObj:=wobj0;
    MoveL Offs(Area_4_1,0,0,0),v10,fine,tool0\WObj:=wobj0;
    SetDO CY_1,0;
    SetGO GO_Program,2;
    WaitTime 1;
    MoveL Offs(Area_4_1,0,0,100),v1000,z10,tool0\WObj:=wobj0;
    MoveJ Area_4_Ready,v1000,fine,tool0\WObj:=wobj0;
ENDPROC

PROC GO_Setting(num value)
    SetGO GO_Program,value;
    WaitGI GI_Program,value;
ENDPROC
```

图 3-3-4　取升降齿轮载盘操作子程序

图 3-3-5　PROFINET 通信

下面进行 PROFINET 通信的组态，见表 3-3-2。

表 3-3-2　PROFINET 通信的组态

序号	操作步骤	示意图
1	在 TIA 中添加两个 PLC 设备，并设置 IP 地址在同一个网段	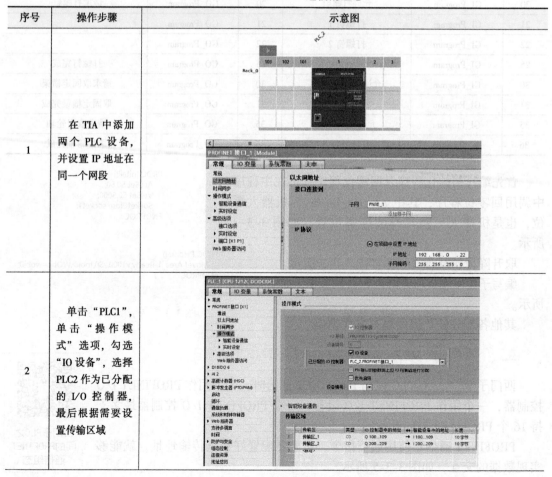
2	单击 "PLC1"，单击 "操作模式" 选项，勾选 "IO 设备"，选择 PLC2 作为已分配的 I/O 控制器，最后根据需要设置传输区域	

（续）

序号	操作步骤	示意图
3	同样的方式，对 PLC2 进行设置。这样 PLC1 的地址 QB100 到 QB209 便映射到了 PLC2 中的 IB100 到 IB209	

三、PLC 程序编写

（一）PLC 程序分析

组装工作站中使用了两个 PLC，PLC1 主要用于主逻辑控制和轴控制，PLC2 主要用于轴控制，PLC1 与 PLC2 之间通过 PROFINET I/O 进行交互，PLC1 与机器人之间通过组信号进行交互。

PLC1 的程序模块如图 3-3-6 所示。

PLC 模式用于设置系统的操作模式为手动或自动。主功能块为系统工作的主要逻辑。轴控制模块用于上料步进电动机和横移伺服电动机的运动控制。PLC1 和 PLC2 交互用于进行两个 PLC 的数据交换。PLC1 与机器人交互用于进行机器人和 PLC 的数据交换。

图 3-3-6　PLC1 程序模块

PLC1 主功能块包含的模块如图 3-3-7 所示。

PLC2 程序主要模块如图 3-3-8 所示，其中 PLC2－PLC1 模块用于进行 PLC 之间的数据交互，轴控制模块用于进行横移气缸上 3 个电动机的控制。

PCL2 主功能模块主要分为如图 3-3-9 所示模块。

PLC 程序的编写和智能分拣工作站类似，这里只介绍 PLC 与 PLC 之间的数据交互及 PLC 与机器人之间的数据交互程序的编写。

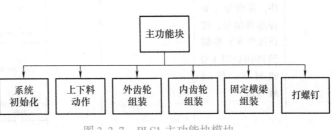

图 3-3-7　PLC1 主功能块模块

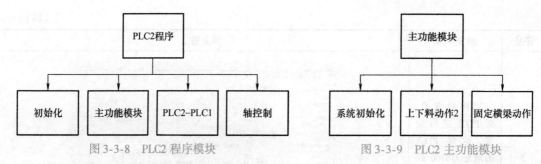

图 3-3-8 PLC2 程序模块　　　　　图 3-3-9 PLC2 主功能模块

（二）PLC 之间数据交互程序编写

PLC 之间通过 PROFINET 通信的 I/O 映射进行数据交互，主要交互的数据有系统状态、按钮信号、上料 2 单元和盖板单元相关信号等。

PLC1 中用于 PLC 之间数据交互的程序见表 3-3-3。

表 3-3-3　FC 块 PLC1 - PLC2

序号	操作步骤	示意图
1	在 PLC1 中创建 PLC 变量	94 PLC1-PLC2定位2气缸前限　默认变量表　Bool　%Q200.0 95 PLC1-PLC2定位2气缸后限　默认变量表　Bool　%Q200.1 96 PLC1-PLC2物料2上升到位检测　默认变量表　Bool　%Q200.2 97 PLC1-PLC2盖板有料检测　默认变量表　Bool　%Q200.4 98 PLC1-PLC2盖板到位检测　默认变量表　Bool　%Q200.5 99 PLC2请求取升降外齿轮载盘　默认变量表　Bool　%Q200.6 100 PLC2取升降外齿轮载盘完成　默认变量表　Bool　%Q200.7 101 PLC2请求放升降外齿轮载盘　默认变量表　Bool　%Q201.0 102 PLC2放升降外齿轮载盘完成　默认变量表　Bool　%Q201.1 103 PLC2请求取固定横梁　默认变量表　Bool　%Q201.2 104 PLC2取固定横梁完成　默认变量表　Bool　%Q201.3 105 PLC1-PLC2系统初始化中　默认变量表　Bool　%Q201.4 106 PLC1-PLC2系统自动启动中　默认变量表　Bool　%Q201.5 107 PLC1-PLC2移载伺服复位　默认变量表　Bool　%Q201.6 108 PLC1-PLC2启动按钮　默认变量表　Bool　%Q201.7 109 PLC1-PLC2停止按钮　默认变量表　Bool　%Q202.0 110 PLC1-PLC2复位按钮　默认变量表　Bool　%Q202.1 111 PLC1-PLC2急停　默认变量表　Bool　%Q202.2 112 PLC1-PLC2手/自动　默认变量表　Bool　%Q202.3 49 PLC2允许取升降外齿轮载盘　默认变量表　Bool　%I100.0 50 PLC2允许放升降外齿轮载盘　默认变量表　Bool　%I100.1 51 PLC2允许取固定横梁　默认变量表　Bool　%I100.2 52 P LC1-PLC2定位2气缸夹紧　默认变量表　Bool　%I100.3 53 PLC1-PLC2定位2气缸松升　默认变量表　Bool　%I100.4 54 PLC1-PLC2系统初始化完成　默认变量表　Bool　%I100.5 55 PLC2夹紧升降外齿轮载盘完成　默认变量表　Bool　%I100.6
2	创建 FC 块 PLC1 - PLC2，并在 OB1 中调用	▼ 程序段2：...... 注释 %FC3 "PLC1-PLC2" EN　　　ENO
3	在 FC 块 PLC1 - PLC2 中编写程序，将信号（如传感器信号、按钮操作等）存储到 PROFINET I/O 映射区，传递给 PLC2	%M1.2 "AlwaysTRUE"　%I5.5 "盖板有料检测"　　%Q200.4 "PLC1-PLC2 盖板有料检测" 　　　　　　　　　%I5.6 "盖板到位检测"　　%Q200.5 "PLC1-PLC2 盖板到位检测" 　　　　　　　　　%I5.7 "定位2气缸前限"　　%Q200.0 "PLC1-PLC2 定位2气缸前限" 　　　　　　　　　%I6.0 "定位2气缸后限"　　%Q200.1 "PLC1-PLC2 定位2气缸后限" 　　　　　　　　　%I6.2 "物料2上升到位检测"　　%Q200.2 "PLC1-PLC2 物料2上升到位检测"

（续）

序号	操作步骤	示意图
3	在 FC 块 PLC1－PLC2 中编写程序，将信号（如传感器信号、按钮操作等）存储到 PROFINET I/O 映射区，传递给 PLC2	%I3.0 "移栽伺服报警" —┤├— %Q201.6 "PLC1-PLC2 移栽伺服报警" —( )— %I3.1 "启动按钮" —┤├— %Q201.7 "PLC1-PLC2 启动按钮" —( )— %I3.2 "停止按钮" —┤├— %Q202.0 "PLC1-PLC2 停止按钮" —( )— %I3.3 "复位按钮" —┤├— %Q202.1 "PLC1-PLC2 复位按钮" —( )— %I3.4 "急停" —┤├— %Q202.2 "PLC1-PLC2急停" —( )— %I3.5 "手/自动" —┤├— %Q202.3 "PLC1-PLC2 手/自动" —( )—
4	从 PROFINET I/O 映射区获取气缸动作信号，传输给对应的输出接点	%M1.2 "AlwaysTRUE" —┤├— %I100.3 "PLC1-PLC2 定位2气缸夹紧" —┤├— %Q5.6 "定位2气缸夹紧" —( )— %I100.4 "PLC1-PLC2 定位2气缸松开" —┤├— %Q5.7 "定位2气缸松开" —( )—
5	从 PROFINET I/O 映射区获取 PLC2 的请求允许和动作完成标识，并传递给全局变量（全局变量为创建的 DB 数据块）	%M1.2 "AlwaysTRUE" —┤├— %I100.0 "PLC2允许取升降外齿轮载盘" —┤├— %DB20.DBX7.4 "Global".Glo_PLC2允许取升降外齿轮载盘 —(S)— —|NOT|— %DB20.DBX7.4 "Global".Glo_PLC2允许取升降外齿轮载盘 —(R)— %I100.1 "PLC2允许放升降外齿轮载盘" —┤├— %DB20.DBX7.7 "Global".Glo_PLC2允许放升降外齿轮载盘 —(S)— —|NOT|— %DB20.DBX7.7 "Global".Glo_PLC2允许放升降外齿轮载盘 —(R)— %I100.2 "PLC2允许取固定横梁" —┤├— %DB20.DBX8.3 "Global".Glo_PLC2允许取固定横梁 —(S)— —|NOT|— %DB20.DBX8.3 "Global".Glo_PLC2允许取固定横梁 —(R)— %I100.6 "PLC2夹紧升降外齿轮载盘完成" —┤├— %DB20.DBX8.0 "Global".Glo_PLC2夹紧升降外齿轮载盘完成 —(S)— —|NOT|— %DB20.DBX8.0 "Global".Glo_PLC2夹紧升降外齿轮载盘完成 —(R)— %I100.5 "PLC1-PLC2 系统初始化完成" —┤├— %DB20.DBX8.7 "Global".Glo_PLC2系统初始化完成

（续）

序号	操作步骤	示意图
6	将 PLC1 对 PLC2 的操作请求、PLC1 的动作完成标识等，传送到 PROFINET I/O 映射区，传递给 PLC2	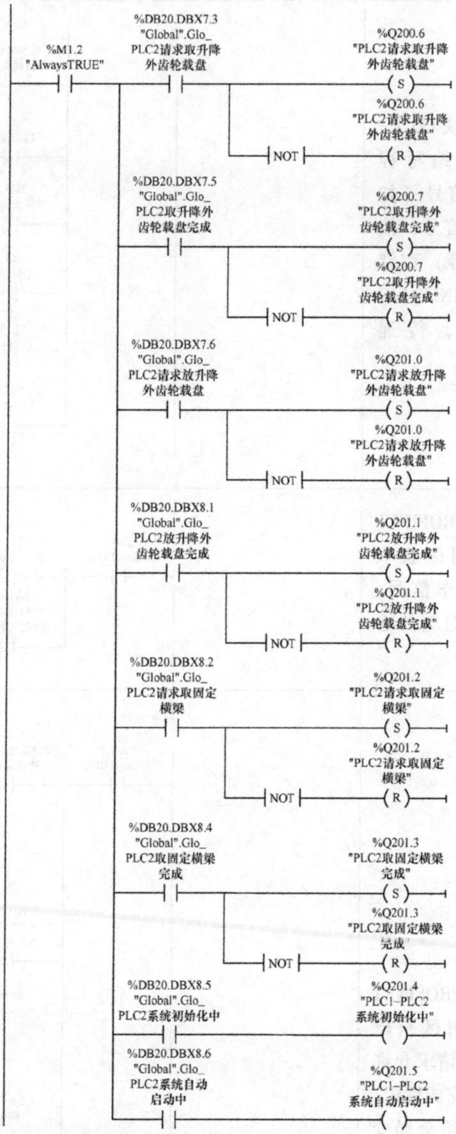

（三）PLC1 与机器人之间的数据交互程序编写

PLC1 与机器人之间通过组输入/输出进行数据交互，程序如图 3-3-10 所示，将组输入/输出信号对应的 I/O 点与中间变量关联起来。

创建 FB 块 RB 组信号，用于进行机器人命令码通信。FB 块 RB 组信号内部变量如图 3-3-11 所示。

在主 RB 模块中调用该 FB 块，如图 3-3-12 所示。其中 RB_GO_Program 输入为 MW999，即低位对应 M1000.0 到 M1000.7，RB_GI_Program 输出到 MW1001，即低位对应 M1002.0 到 M1002.7。

RB 组信号 FB 块程序如图 3-3-13 所示。程序段 1 进行初始化，将输出 RB_GI_Program 初始化为 0，程序段 2 到程序段 11 功能类似，即接收事件请求命令码后，判断该事件执行的条件是否满足，满足则设置 RB_GI_Program 为对应的命令码，传输给机器人，然后机器人执行对应动作。

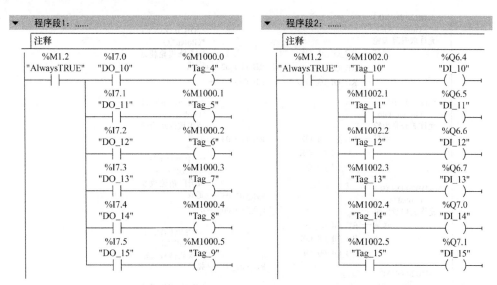

图 3-3-10　PLC1 与机器人之间的数据交互程序

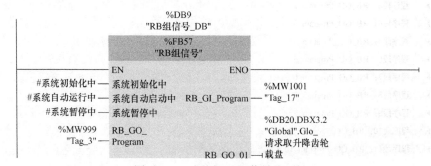

图 3-3-11　FB 块 RB 组信号内部变量

%DB9
"RB组信号_DB"

%FB57
"RB组信号"

EN   ENO ─────────────────

#系统初始化中 ── 系统初始化中
#系统自动运行中 ── 系统自动启动中   %MW1001
#系统暂停中 ── 系统暂停中   RB_GI_Program ── "Tag_17"

%MW999   RB_GO_   %DB20.DBX3.2
"Tag_3" ── Program   "Global".Glo_
                                          请求取升降齿轮
                     RB_GO_01 ── 载盘

图 3-3-12　调用 RB 组信号 FB 块

101

图 3-3-12 调用 RB 组信号 FB 块（续）

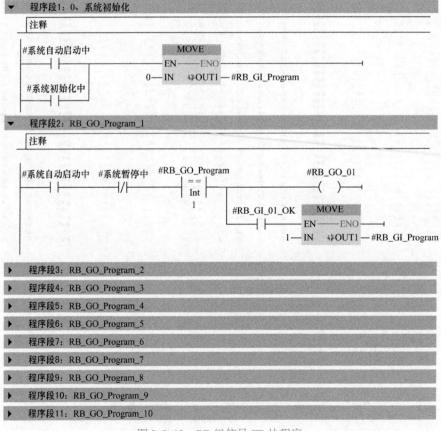

图 3-3-13 RB 组信号 FB 块程序

项目四

智能检测工作站装配与调试

项目概述

随着智能制造技术的发展，如何使齿轮产品实现自动化在线实时检测，是厂家在使用自动化设备时所考虑的关键问题之一。本项目围绕行星齿轮产品检测问题，设计了智能检测工作站，用于检测行星齿轮产品是否合格。

知识图谱

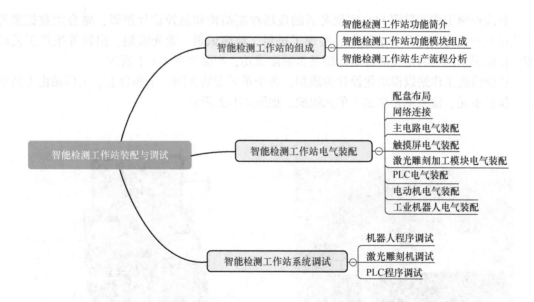

智能检测工作站装配与调试
- 智能检测工作站的组成
  - 智能检测工作站功能简介
  - 智能检测工作站功能模块组成
  - 智能检测工作站生产流程分析
- 智能检测工作站电气装配
  - 配盘布局
  - 网络连接
  - 主电路电气装配
  - 触摸屏电气装配
  - 激光雕刻加工模块电气装配
  - PLC电气装配
  - 电动机电气装配
  - 工业机器人电气装配
- 智能检测工作站系统调试
  - 机器人程序调试
  - 激光雕刻机调试
  - PLC程序调试

任务一　智能检测工作站的组成

学习情境

经过智能组装工作站的装配后，行星齿轮产品初步成形，接下来在检测工作站将完成行星齿轮的检测。本站将进行行星齿轮的检测、激光雕刻等工艺环节，那么智能检测工作站是如何完成这一过程的呢？

学习目标

1. 知识目标

1）了解智能检测工作站的功能。

2）了解智能检测工作站的组成单元及其功能。

3）了解智能检测工作站的生产流程。

2. 技能目标

1）能够熟练介绍智能检测工作站的结构及其功能。

2）能够熟练介绍智能检测工作站的生产流程。

3. 素养目标

1）严格执行规范，养成严谨科学的工作态度。

2）培养创新实践的能力。

本任务对应的任务书、引导问题、计划实施、评价反馈详见本书附册《智能制造生产线装调与维护技能训练活页式工作手册》，请根据教学需要完成对应任务内容。

相关知识点

一、智能检测工作站功能简介

智能检测工作站采用 PLC 实现灵活的现场控制结构和总控设计逻辑，融合大数据实现工艺过程的实施调配和智能控制，实现了进料、检测识别、激光雕刻、出料等生产工艺环节。检测识别的目的是检测行星齿轮是否装配成功，产品如图 4-1-1 所示。

智能检测工作站以模块化设计为原则，各个单元安装在同一工作台上。工作站由上料单元、执行单元、检测单元和加工单元组成，如图 4-1-2 所示。

图 4-1-1 产品

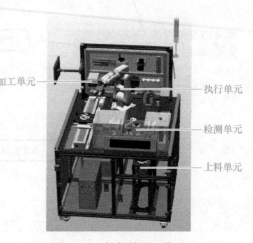

加工单元
执行单元
检测单元
上料单元

图 4-1-2 智能检测工作站

智能检测工作站通过工业以太网实现控制器与设备间的通信，同时上传至云端网络，以实现系统软件对设备的远程实时在线监测、控制，如图 4-1-3 所示。

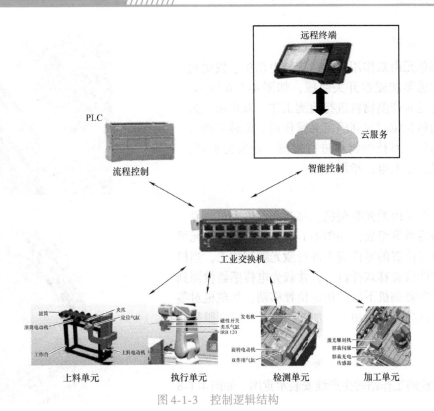

图 4-1-3　控制逻辑结构

二、智能检测工作站功能模块组成

（一）上料单元

本站的上料单元如图 4-1-4 所示，通过滚筒、上料电动机、夹爪等结构实现行星齿轮产品的送料运输。

（二）执行单元

执行单元由 IRB 120 机器人、夹爪气缸、磁性开关等组成，如图 4-1-5 所示。执行单元能精准定位到指定姿态，配合夹爪气缸，完成一系列的工作，本站执行单元工作内容是将物料和保护罩精准放置到预先指定的位置。

智能检测工作站的组成

图 4-1-4　上料单元

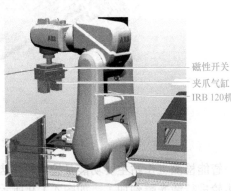

图 4-1-5　执行单元

（三）检测单元

检测单元由双作用气缸、旋转电动机、发电机及各种传感器和磁性开关组成，如图4-1-6所示。检测单元是对待测物料进行检测工作，双作用气缸在待测物料就位时起到固定夹紧作用。旋转电动机开始旋转后，对待测物料进行检测，若装配良好，发电动机正常发电，指示灯亮。

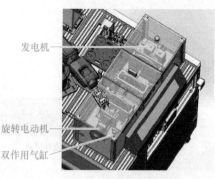

图4-1-6　检测单元

（四）加工单元

加工单元由激光雕刻机、移栽伺服电动机、移栽光电传感器等组成，如图4-1-7所示。加工单元可对送到指定位置的零件表面进行激光雕刻加工，当机器人把零件放置移栽托盘上，移栽光电传感器检测到零件，就向雕刻机下面的指定位置移动，雕刻机对零件表面进行激光雕刻加工，加工结束，移栽伺服往回送零件。

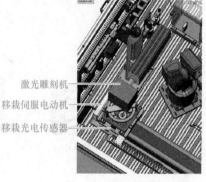

图4-1-7　加工单元

（五）智能检测工作站的安装示意图

智能检测工作站的生产线安装示意图，如图4-1-8所示。

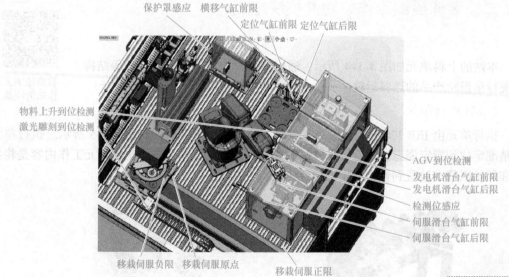

图4-1-8　智能检测工作站的生产线安装示意图

三、智能检测工作站生产流程分析

智能检测工作站主要功能是检测行星齿轮是否装配成功，并对检测的行星齿轮进行激光雕刻加工，如图4-1-9所示。

智能检测工作站的工作流程

1）初始时，AGV 小车将物料从上一个工作站运至本站，由滚筒步进电动机对物料进行传送，如图 4-1-10 所示。

2）ABB 机器人把物料夹取并放置到检测区，再去取保护罩，检测单元的旋转伺服滑台和发电机滑台气缸推出，将待测物料夹紧，机器人盖上保护盖，旋

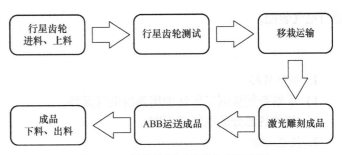

图 4-1-9　智能检测工作站生产流程图

转伺服电动机开始旋转，进行检测工作，检测行星齿轮成品是否合格，如图 4-1-11 所示。

图 4-1-10　齿轮上料、进料

图 4-1-11　行星齿轮测试

3）完成检测工作后，再由机器人夹取检测之后的行星齿轮放置到移栽伺服电动机的载盘上，移栽伺服电动机带动载盘向加工单元输送，如图 4-1-12 所示。

4）移栽伺服电动机把物料运送到激光雕刻机下进行雕刻，如图 4-1-13 所示。

5）雕刻完后再通过移栽伺服电动机向外送

图 4-1-12　移栽运输

料，机器人将物料送到上料单元，最后上料电动机向下运料，如图 4-1-14 所示。

图 4-1-13　激光雕刻成品

图 4-1-14　成品运输

任务二　智能检测工作站电气装配

学习情境

了解了智能检测工作站的组成之后，就要根据设计人员提供的电气原理图进行安装调试，本任务先识读智能检测工作站的各模块电路图，然后选择合适的工具，根据电气原理图

进行电气装配。

学习目标

1. 知识目标

1) 了解智能检测工作站中用到的电气元件。

2) 理解各部分的电气原理图。

2. 技能目标

1) 能够根据配盘布局图对电气元件进行安装布局。

2) 能根据电气原理图进行电气装配。

3. 素养目标

1) 严格执行规范，养成严谨科学的工作态度。

2) 养成团结协作精神。

3) 养成总结训练过程和结果的习惯，为下次训练总结经验。

4) 严格执行 6S 现场管理。

本任务对应的任务书、引导问题、计划实施、评价反馈详见本书附册《智能制造生产线装调与维护技能训练活页式工作手册》，请根据教学需要完成对应任务内容。

相关知识点

一、配盘布局

（一）智能检测工作站的电气元件清单

智能检测工作站电控盘中主要电气元件清单见表 4-2-1。其中剩余电流断路器、断路器和接触器用于主电路控制。工作站中用了 PLC 进行逻辑控制和运动控制，并使用华太模块进行 I/O 点扩展。送料模块用了两个步进电动机，一个步进电动机进行滚筒的控制，另一个用于控制送料平台的升降，因此总共需要两个步进驱动器。移栽伺服单元使用了一个伺服电动机，检测模块用了一个旋转伺服电动机，因此需要配备两个伺服驱动器。

表 4-2-1　电气元件清单

序号	图号/名称	名称/型号	数量	单位
1	剩余电流断路器	DZ47LE－63C32 30mA（2P）	1	个
2	断路器	NXB－63 C10 10A 2P	1	个
3	断路器	NXB－63 C16 16A 2P	3	个
4	接触器	1810Z－24V	1	个
5	PLC CPU 1212C DC/DC/DC	6ES7 212－1AE40－0XB0	1	个
6	适配器	FR8210	1	个
7	数字量输入	FR1108	4	个
8	数字量输出	FR2108	5	个
9	终端模块	FR0200	1	个
10	熔断器	RT18－32 12A	4	个
11	熔断器底座	RT18－32X	2	个

（续）

序号	图号/名称	名称/型号	数量	单位
12	开关电源	LRS－350－24	1	个
13	开关电源	LRS－50－3.3	1	个
14	EMI 滤波器	AN－10A2DW AC250V 10A	2	个
15	交换机	8 口千兆	1	个
16	5 孔插座	5 孔插座 10A 导轨式	3	个
17	插排	6 位总控 3m（超功率保护）	1	个
18	电源插头	3 脚 10A	2	个
19	无线路由器	450M 基础款	1	个
20	继电器模组	G6B－4BND，国产底座＋进口继电器	1	个
21	伺服电动机驱动器	禾川 AC220V 400W	2	个
22	步进驱动器	DM422S	2	个

（二）智能检测工作站的配盘布局

根据配盘布局的原则及项目要求，智能检测工作站的配盘布局如图 4-2-1 所示。

二、网络连接

智能检测工作站与智能分拣工作站一样，利用物联网、工业以太网实现信息互联，接入云端借助数据服务实现一体化联控。本工作站的网络结构图如图 4-2-2 所示。

三、主电路电气装配

智能检测工作站主电路电气装配与智能分拣工作站相似，本工作站的主电路如图 4-2-3 所示。

四、触摸屏电气装配

威纶通的 MT8102IE 触摸屏的电气装配与智能分拣工作站一致，其电气图如图 4-2-4 所示。

五、激光雕刻加工模块电气装配

激光雕刻加工模块主要是对已完成检测的产品进行标记，激光雕刻机的主机背板的接口说明如图 4-2-5 所示。

在本工作站中，通过 PLC 控制继电器激光雕刻机的启动，将 PLC 的输出 Q5.3 接入激光雕刻机的启动接口，激光雕刻停止信号连接到继电器 K3 的线圈连接。激光雕刻机的电气图如图 4-2-6 所示。

六、PLC 电气装配

（一）I/O 地址分配

智能检测工作站使用了 1 个西门子 S7－1200 PLC，与步进电动机、伺服电动机、机器人、激光雕刻机以及系统整体运行相关的按钮、传感器及指示灯等连接。PLC 控制系统分配的 I/O 见附录表 C-1 和表 C-2，机器人 I/O 分配见表 C-3 和表 C-4。

（二）PLC 电气装配

智能检测工作站 PLC 接线的方式和要求与智能分拣工作站类似。PLC 输入信号电气图如图 4-2-7 所示。

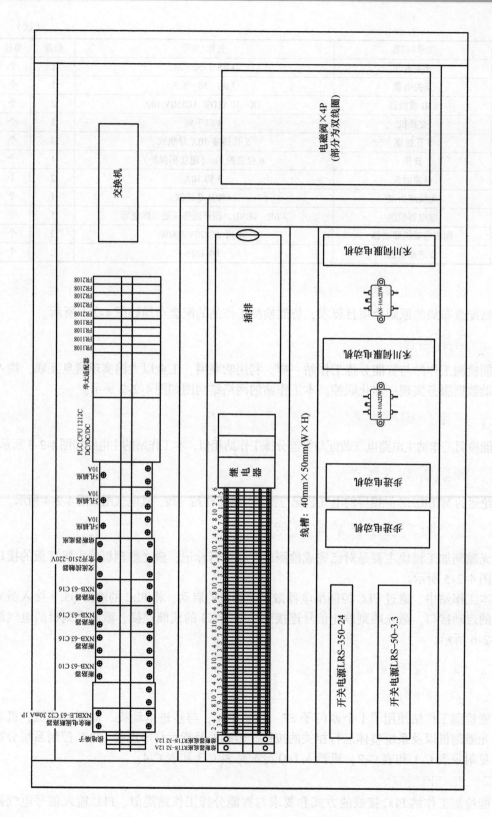

图 4-2-1 智能检测工作站的配盘布局

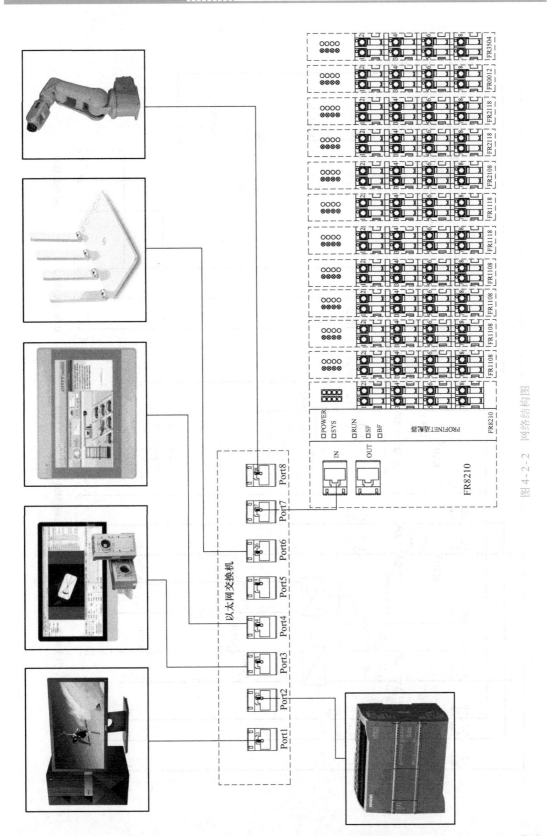

图 4 - 2 - 2　网络结构图

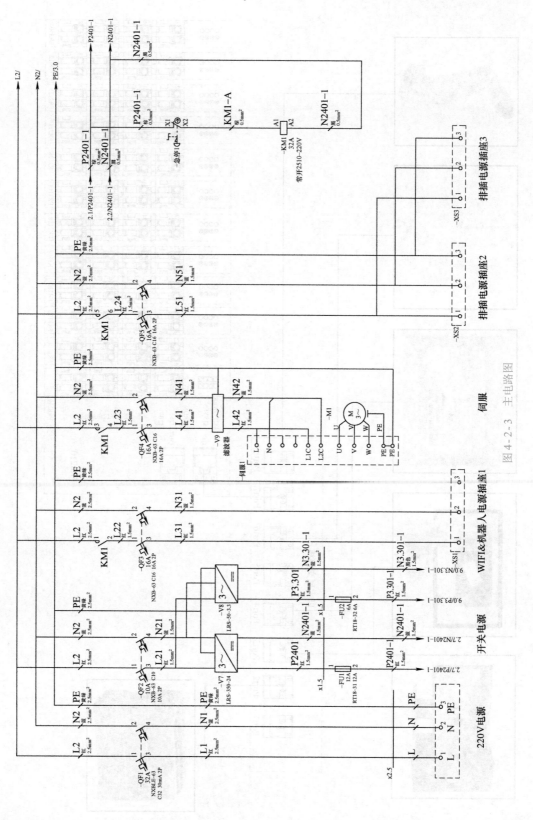

图 4-2-3　主电路图

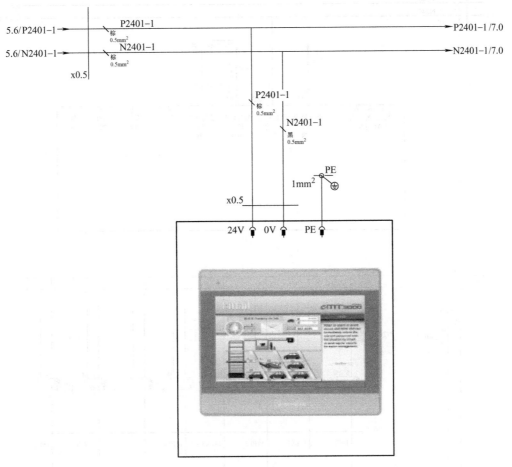

图 4-2-4　触摸屏电气图

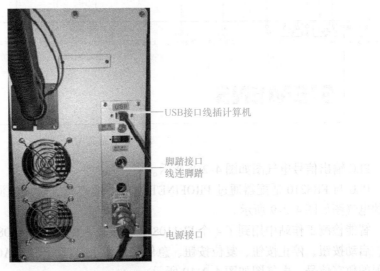

图 4-2-5　激光雕刻机主机背板的接口说明

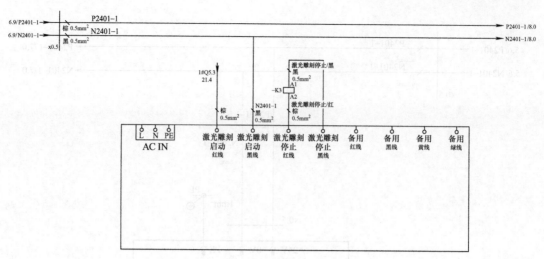

图 4-2-6　激光雕刻机的电气图

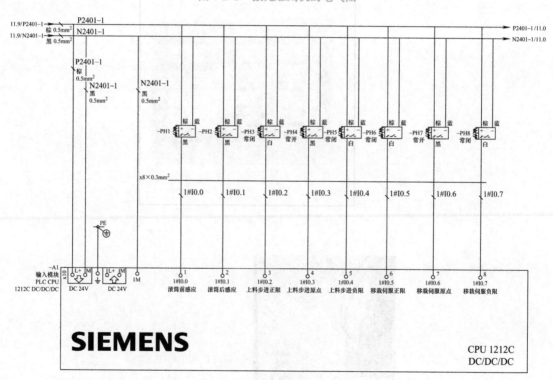

图 4-2-7　PLC 输入信号电气图

PLC 输出信号电气图如图 4-2-8 所示。

PLC 与 FR8210 适配器通过 PROFINET 通信线缆连接，智能检测工作站的 FR8210 适配器的电气图如图 4-2-9 所示。

智能检测工作站中用到了 4 个 FR1108 数字量输入模块，FR1108_1 用于采集移栽伺服报警、启动按钮、停止按钮、复位按钮、急停按钮、手/自动开关、AGV 到位检测、定位气缸前限的数字信号，电气图如图 4-2-10 所示。

FR1108_2 用于采集定位气缸后限、旋转伺服电动机报警、伺服滑台气缸前限和后限、

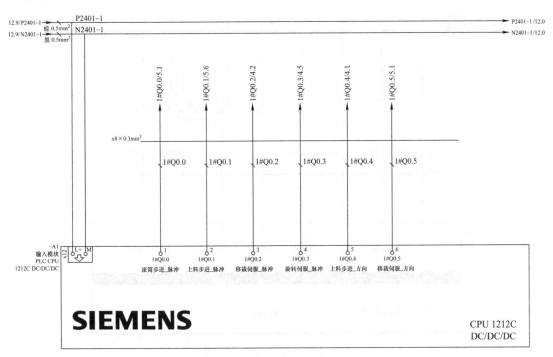

图 4-2-8　PLC 输出信号电气图

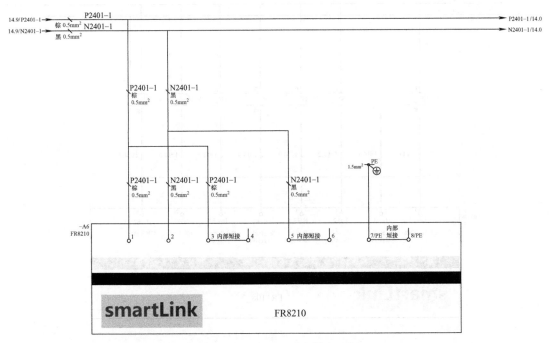

图 4-2-9　FR8210 适配器电气图

发电机滑台气缸前限和后限、检测位感应、保护罩感应的数字信号，电气图如图 4-2-11 所示。

FR1108_3 用于采集激光雕刻到位检测、物料上升到位检测、机器人输出准备与运行的数字信号，电气图如图 4-2-12 所示。

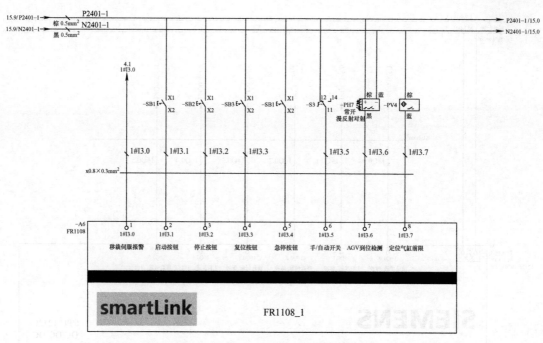

图 4-2-10　FR1108_1 电气图

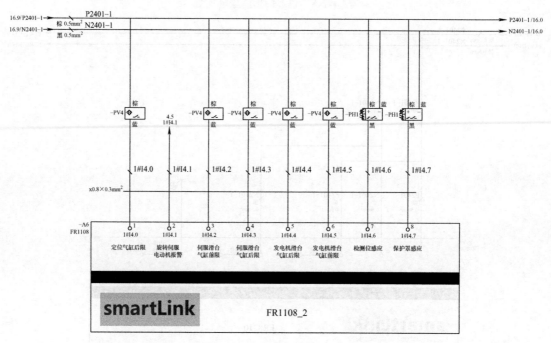

图 4-2-11　FR1108_2 电气图

　　FR1108_4 用于采集机器人输出系统错误信号和输出组信号的数字信号，电气图如图 4-2-13 所示。

　　智能检测工作站用到了 5 个 FR2108 数字量输出模块，FR2108_1 用于给智能检测工作站的移栽伺服电动机和旋转伺服电动机复位、滚筒步进电动机的方向、上料步进电动机刹车、

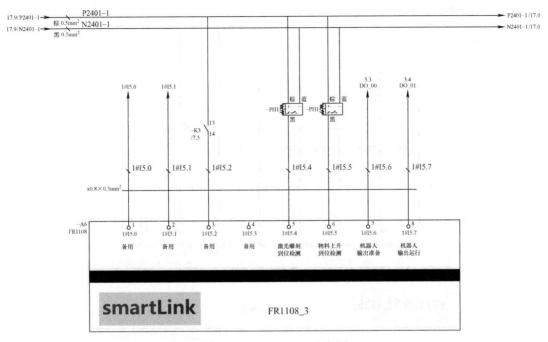

图 4-2-12　FR1108_3 电气图

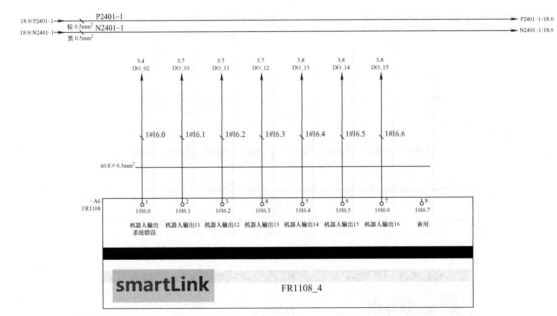

图 4-2-13　FR1108_4 电气图

旋转伺服电动机的方向、伺服滑台气缸推出和缩回输出数字量信号，电气图如图 4-2-14 所示。

FR2108_2 用于给智能检测工作站的三色灯的点亮和报警、定位 1 气缸夹紧和松开、发电机滑台气缸推出和缩回输出数字量信号，电气图如图 4-2-15 所示。

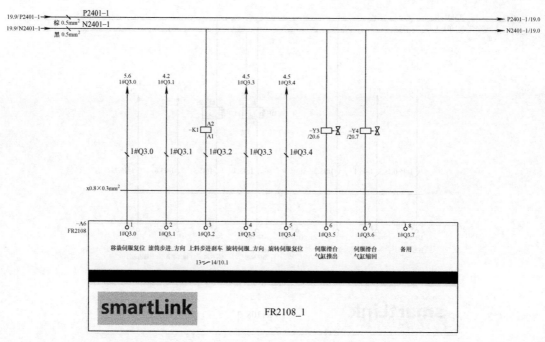

图 4-2-14　FR2108_1 电气图

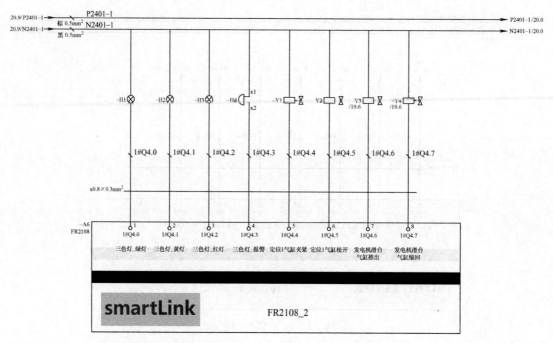

图 4-2-15　FR2108_2 电气图

　　FR2108_3 用于给智能检测工作站的单片机 LED 灯启动、发电机启动、发电指示红灯、激光雕刻启动、LED 灯带启动、LED 屏电源、单片机 3 输出数字量信号，电气图如图 4-2-16 所示。

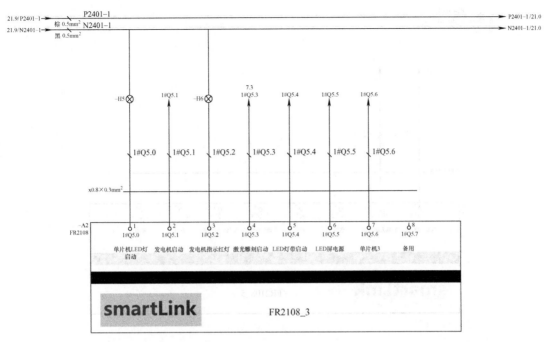

图 4-2-16　FR2108_3 电气图

FR2108_4 和 FR2108_5 用于给智能检测工作站的机器人启动、停止、重置、输入组信号和伺服电动机使能输出数字量信号，电气图如图 4-2-17、图 4-2-18 所示。

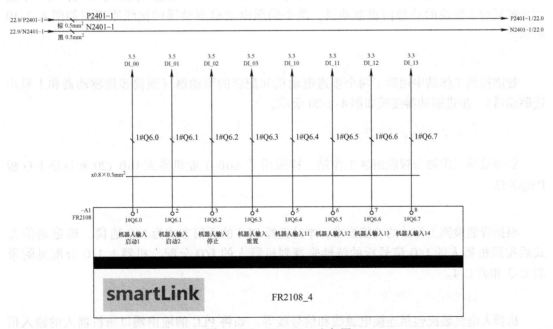

图 4-2-17　FR2108_4 电气图

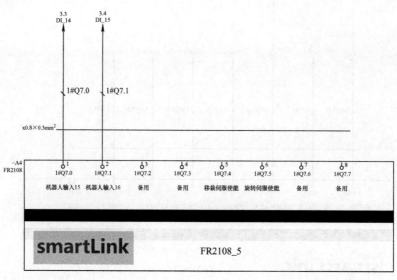

图 4-2-18　FR2108_5 电气图

七、电动机电气装配

（一）伺服电动机电气装配

智能检测工作站用到了两个伺服电动机，一个是检测模块的旋转伺服电动机，另一个是激光雕刻加工模块的移栽伺服电动机，两个伺服电动机驱动器的接线原理图如图 4-2-19所示。

（二）步进电动机电气装配

智能检测工作站中用到了两个步进电动机和配套的驱动器（滚筒步进驱动器和上料步进驱动器）。步进驱动器接线如图 4-2-20 所示。

八、工业机器人电气装配

智能检测工作站与智能组装工作站一样采用了 ABB 工业机器人 IRB 120 和标准 I/O 板DSQC652。

（一）ABB 机器人 I/O 分配

根据智能检测工作站的功能要求，本站选择 PLC 的通信方式为 I/O 通信，确定通信方式后按照机器人的 I/O 信号板的特性来规划机器人的 I/O 分配，机器人 I/O 分配见附录表 C-3 和表 C-4。

（二）ABB 机器人电气装配

机器人电气装配包括连接电源线和信号线等。如将 PLC 的输出端口与机器人的输入信号相连，将 PLC 的输入端口与机器人的输出信号相连。智能检测工作站的机器人电气图如图 4-2-21 所示。

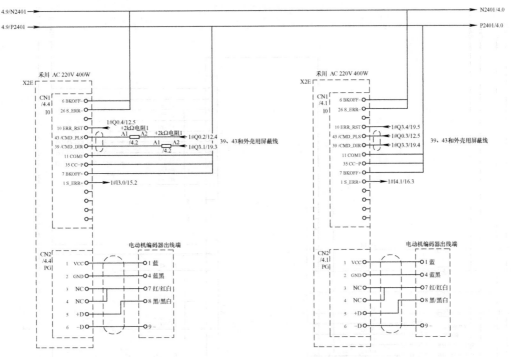

图 4-2-19　伺服电动机驱动器接线原理图

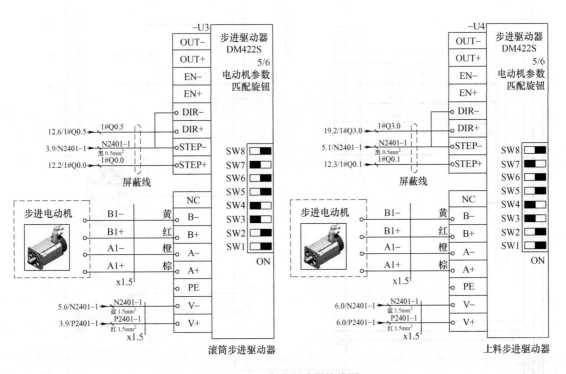

图 4-2-20　步进驱动器接线图

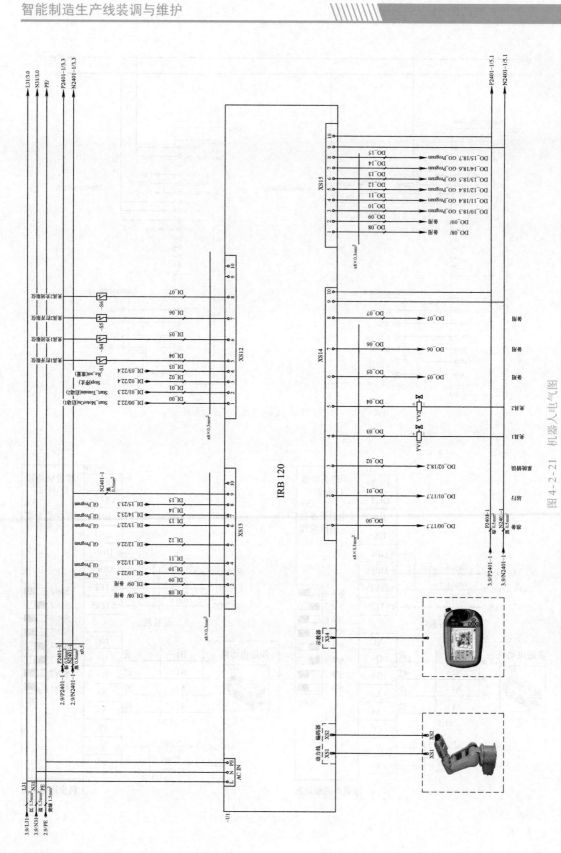

图 4-2-21 机器人电气图

任务三 智能检测工作站系统调试

学习情境

现在我们已经了解了智能检测工作站的功能，并对智能检测工作站的电气电路进行了装配。本任务是编写程序并进行调试，实现智能检测工作站的功能。

学习目标

1. 知识目标

1) 理解智能检测工作站机器人程序的结构和功能。

2) 了解激光雕刻机基本调试和使用的方法。

3) 理解智能检测工作站 PLC 程序的结构和功能。

2. 技能目标

1) 能够调试激光雕刻机，进行文字雕刻。

2) 能够编写智能检测工作站机器人程序。

3) 能够编写智能检测工作站 PLC 程序，并联合调试实现检测工作站的功能。

3. 素养目标

1) 严格执行规范，在任务实践中，培养工匠精神。

2) 养成团结协作精神。

3) 培养探索问题的能力。

本任务对应的任务书、引导问题、计划实施、评价反馈详见本书附册《智能制造生产线装调与维护技能训练活页式工作手册》，请根据教学需要完成对应任务内容。

相关知识点

一、机器人程序调试

智能检测工作站中机器人的工作任务为将齿轮组从上料气缸中取出，放置到检测模块中，然后将载盘上的定位销取下来，检测完毕后，将齿轮组放置到移栽伺服单元上，激光雕刻完成后，再从移栽伺服电动机取出齿轮组。机器人程序流程如图 4-3-1 所示。

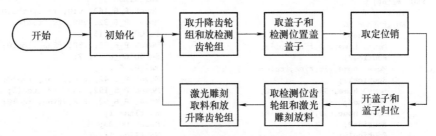

图 4-3-1 机器人程序流程图

机器人与 PLC 之间通过组信号进行数据的通信交互，通信事件命令码见表 4-3-1。

表 4-3-1 通信事件命令码

组输入			组输出		
数值	名称	功能	数值	名称	功能
1	GI_Program	允许取升降齿轮组	1	GO_Program	请求取升降齿轮组
2	GI_Program		2	GO_Program	取升降齿轮组完成
4	GI_Program	允许放升降齿轮组	4	GO_Program	请求放升降齿轮组
5	GI_Program		5	GO_Program	放升降齿轮组完成
7	GI_Program	允许进入测试位	7	GO_Program	请求进入测试位
8	GI_Program		8	GO_Program	测试位放置完成
10	GI_Program	允许取测试位齿轮组	10	GO_Program	请求取测试位齿轮组
11	GI_Program		11	GO_Program	测试位齿轮组取料完成
13	GI_Program	允许取盖子	13	GO_Program	请求取盖子
14	GI_Program		14	GO_Program	取盖子完成
16	GI_Program	允许盖子归位	16	GO_Program	请求盖子归位
17	GI_Program		17	GO_Program	盖子归位完成
19	GI_Program	允许检测盖盖子	19	GO_Program	请求检测盖盖子
20	GI_Program		20	GO_Program	盖盖子完成
22	GI_Program	允许检测开盖子	22	GO_Program	请求检测开盖子
23	GI_Program		23	GO_Program	开盖子完成
25	GI_Program	允许激光雕刻放料	25	GO_Program	请求激光雕刻放料
26	GI_Program		26	GO_Program	激光雕刻放料完成
28	GI_Program	允许激光雕刻取料	28	GO_Program	请求激光雕刻取料
29	GI_Program		29	GO_Program	激光雕刻取料完成

机器人主程序如图 4-3-2 所示。

其中子程序 Routine6 到 Routine10 分别完成程序流程中对应的功能，Routine11 完成取齿轮载盘定位销的功能。子程序 Routine6 实现的功能是取升降齿轮组和放检测齿轮组，如图 4-3-3 所示。

```
PROC main()
    init;
    WHILE True DO
        Routine6;
        MoveJ home,v50,fine,tool0;
        Routine7;
        MoveJ home,v50,fine,tool0;
        Routine11;
        MoveJ home,v50,fine,tool0;
        Routine8;
        MoveJ home,v50,fine,tool0;
        Routine9;
        Routine10;
        MoveJ home,v50,fine,tool0;
    ENDWHILE
ENDPROC
```

图 4-3-2 机器人主程序

```
PROC Routine6()
    SetGO GO_0_15, 1;
    WaitGI GI, 1;
    Reset DO_03;
    MoveJ P_6_1, v50, fine, tool0;
    MoveJ P_6_2, v50, fine, tool0;
    MoveL P_6_22, v20, fine, tool0;
    WaitTime 1;
    Set DO_03;
    WaitTime 1;
    MoveL P_6_142, v10, fine, tool0;
    MoveL P_6_32, v50, z0, tool0;
    SetGO GO_0_15, 2;
    MoveL P_6_92, v50, fine, tool0;
    SetGO GO_0_15, 7;
    WaitGI GI, 7;
    MoveL P_6_42, v50, fine, tool0;
    MoveL P_6_152, v50, z0, tool0;
    MoveL P_6_52, v20, fine, tool0;
    WaitTime 1;
    Reset DO_03;
    WaitTime 1;
    MoveL P_6_42, v50, fine, tool0;
    SetGO GO_0_15, 8;
ENDPROC
```

图 4-3-3 取升降齿轮组和放检测齿轮组

二、激光雕刻机调试

在使用激光雕刻机前须进行焦距调整，激光雕刻机焦距示意图如图4-3-4所示。检测工作站的激光雕刻机焦距为26.3cm，因此需手动将焦距调整为26.3cm。

调整完焦距，按照图4-3-5所示的顺序打开激光雕刻机主机。

图4-3-4　激光雕刻机焦距示意图

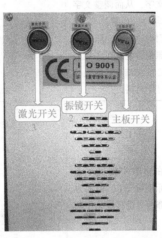

图4-3-5　打开激光雕刻机主机

表4-3-2为激光雕刻机的调试过程。

表4-3-2　激光雕刻机的调试过程

序号	操作步骤	示意图
1	打开激光雕刻机软件 EZCAD	
2	在绘图板上创建文字，还可以根据需要进行高度、位置的设置，或拖动修改位置	1.单击文字工具　3.单击应用，进行确认　2.在此处编辑文本

（续）

序号	操作步骤	示意图
3	单击"红光"按钮，可以看到打印区域显示"红光"，即打印的文字的位置。根据需要调整文字，从而调整文字打印的位置。单击"打标"选项，即刻进行雕刻，注意在测试雕刻之前在雕刻区域垫一张打印材料	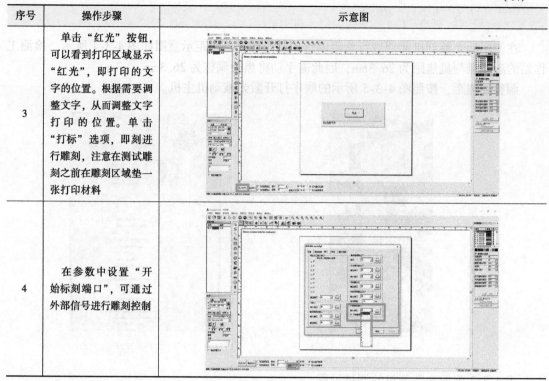
4	在参数中设置"开始标刻端口"，可通过外部信号进行雕刻控制	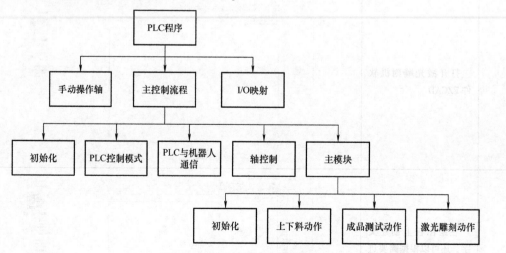

三、PLC 程序调试

PLC 程序主要功能模块如图 4-3-6 所示。

图 4-3-6　PLC 程序主要功能模块

程序编写方式和分拣及组装工作站类似，这里介绍成品测试动作程序和激光雕刻动作程序。

（一）成品测试动作程序

成品测试动作程序主要控制测试动作的执行，见表 4-3-3。

表 4-3-3　成品测试动作程序

序号	操作步骤	示意图
1	"上下料动作资料"为6，"成品测试动作资料"为0时，开始进行测试动作，等待机器人测试位齿轮放置完成	
2	PLC命令机器人去取盖子和盖盖子	
3	进行成品测试	

（续）

序号	操作步骤	示意图
4	测试完成，将盖子归位	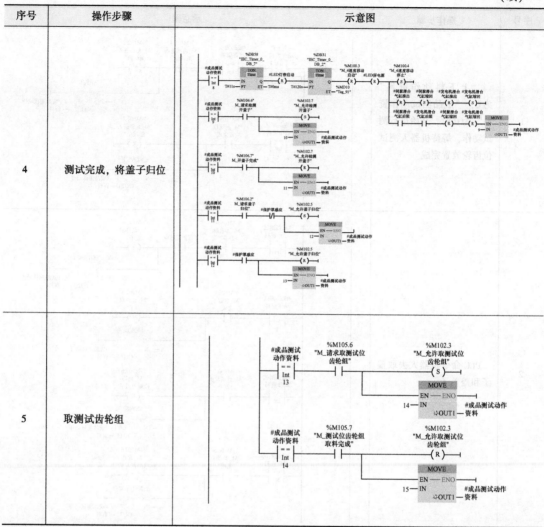
5	取测试齿轮组	

（二）激光雕刻动作程序

激光雕刻动作程序主要控制激光雕刻动作的执行，见表 4-3-4。

表 4-3-4 激光雕刻动作程序

序号	操作步骤	示意图
1	移裁伺服到取放位置	

（续）

序号	操作步骤	示意图
2	雕刻放料	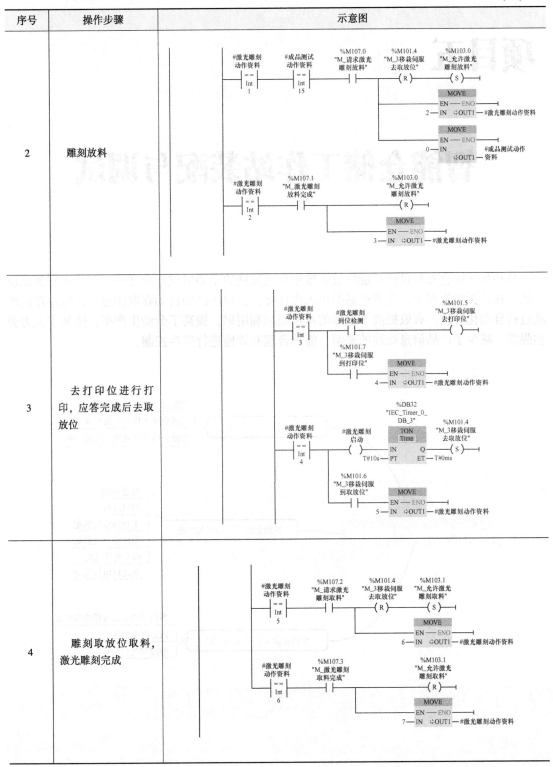
3	去打印位进行打印，应答完成后去取放位	
4	雕刻取放位取料，激光雕刻完成	

项目五

智能仓储工作站装配与调试

项目概述

自动化立体仓库是现代智能物流系统中快速发展的重要组成部分之一。其出入库辅助设备能够在计算机管理下，完成产品的出入库作业，实现产品的自动存取作业，并对库存的产品进行自动化管理，有效提高了仓库的单位面积利用率，提高了劳动生产率，降低了人力劳动强度，减少了产品信息处理的差错，能够合理有效地进行库存控制。

知识图谱

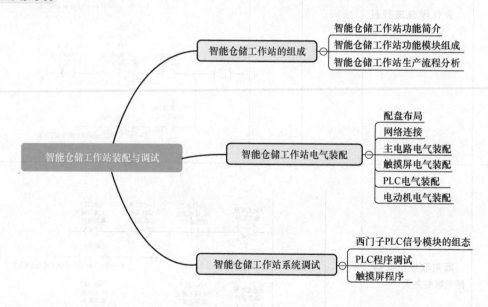

智能仓储工作站装配与调试
- 智能仓储工作站的组成
  - 智能仓储工作站功能简介
  - 智能仓储工作站功能模块组成
  - 智能仓储工作站生产流程分析
- 智能仓储工作站电气装配
  - 配盘布局
  - 网络连接
  - 主电路电气装配
  - 触摸屏电气装配
  - PLC电气装配
  - 电动机电气装配
- 智能仓储工作站系统调试
  - 西门子PLC信号模块的组态
  - PLC程序调试
  - 触摸屏程序

任务一　智能仓储工作站的组成

学习情境

行星齿轮检测合格后，AGV 小车将成品运送至最后一个工作站进行存储，这个站就是智能仓储工作站。本站以立体仓储为背景，以一体化存取应用为核心，定位于产品的存取工作。本任务将学习智能仓储工作站的组成与存取过程。

学习目标

1. 知识目标
1）了解智能仓储工作站的功能。
2）了解智能仓储工作站的组成模块及其功能。
3）了解智能仓储工作站的生产流程。
2. 技能目标
1）能够熟练介绍智能仓储工作站的结构及其功能。
2）能够熟练介绍智能仓储工作站的存取过程。
3. 素养目标
1）严格执行规范，养成严谨科学的工作态度。
2）养成团结协作精神。
3）养成总结训练过程和结果的习惯，为下次训练总结经验。
4）严格执行 6S 现场管理。

本任务对应的任务书、引导问题、计划实施、评价反馈详见本书附册《智能制造生产线装调与维护技能训练活页式工作手册》，请根据教学需要完成对应任务内容。

相关知识点

一、智能仓储工作站功能简介

智能仓储工作站以加工完成的行星齿轮产品为对象，实现产品的传送、入仓、出仓、取料等工艺环节，以一体化存取仓储的定位需求为参考，通过工业以太网完成数据的快速交换和流程控制，采用 PLC 实现灵活的现场控制结构和总控设计逻辑，并利用触摸屏进行设备监控，如 5-1-1 所示。

智能仓储工作站以模块化设计为原则，各个单元安装在同一工作台上。工作站由上料模块、旋转盘模块、仓储单元、移动模块组成，如图 5-1-2 所示。

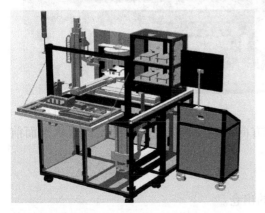

图 5-1-1　智能仓储工作站

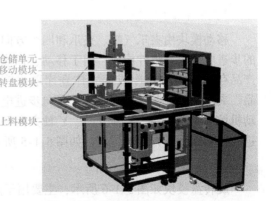

仓储单元
移动模块
旋转盘模块

上料模块

图 5-1-2　智能仓储工作站组成

智能仓储工作站通过工业以太网实现信号监控和控制协调，实现控制器与设备间的直接通信，系统间的大数据交换，同时上传至云端网络，实现数据远程监控和流程控制，其控制逻辑结构如图 5-1-3 所示。

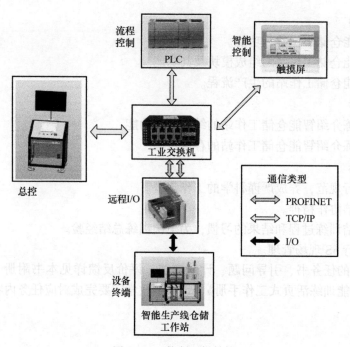

图 5-1-3　控制逻辑结构

二、智能仓储工作站功能模块组成

（一）上料模块

本站的上料模块如图 5-1-4 所示，滚筒部分由 22 个滚轮组成，通过同轴心转动使产品可以平稳的传送。上料夹爪通过定位气缸的进气、出气控制定位夹爪的夹紧和松开，并在电动机的作用下实现上下移动、运输送料。

智能仓储工作站的组成

（二）移动模块

移动模块由夹爪气缸、夹爪和四个方向的步进电动机等组件构成，用于移动、抓取产品存放入立体仓库或从立体仓库取出产品。夹爪气缸控制夹爪开闭，U 方向步进电动机控制夹爪旋转，X 轴方向、Y 轴方向和 Z 轴方向的电动机能控制移动组件在水平面前进、左右和上下方向的运动，如图 5-1-5 所示。

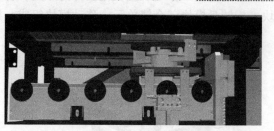

图 5-1-4　上料模块

（三）旋转盘模块

旋转盘模块如图 5-1-6 所示，主要用于产品的出仓。

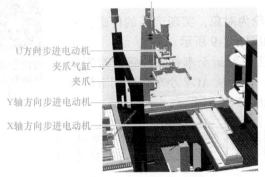

Z轴方向步进电动机

U方向步进电动机

夹爪气缸

夹爪

Y轴方向步进电动机

X轴方向步进电动机

图 5-1-5　移动模块

图 5-1-6　旋转盘模块

（四）仓储单元

仓储单元由立体仓库、传感器和指示灯等组件构成，如图5-1-7所示。仓储单元用于存放产品，是工作站的功能单元；立体仓库为双层四仓位结构，每个仓位可存放一个产品；每个仓位均设置有漫反射式传感器和指示灯，可检测当前仓位是否有存放的产品，并将状态显示出来。仓储单元所有指示灯和传感器信号均由远程 I/O 模块通过工业以太网传输到总控单元。

立体仓库

指示灯

传感器

图 5-1-7　仓储单元

（五）工作站的安装示意图

智能仓储工作站的生产线安装示意图如图5-1-8所示。

Z料步进负限

Z料步进原点

旋转正旋位

旋转反旋位

出料仓检测

Z料步进正限

仓储2有料检测

仓储1有料检测

仓储4有料检测

仓储3有料检测

U料步进原点

U料步进负限

夹爪气缸夹紧　夹爪气缸松开

图 5-1-8　智能仓储工作站生产线安装示意图

三、智能仓储工作站生产流程分析

智能仓储工作站以加工完成的行星齿轮为对象，实现产品的传送、入仓、出仓和取料等工艺环节，其生产流程如图 5-1-9 所示。

智能仓储工作站的工作流程

1）初始时，AGV 小车将物料从检测工作站运至本站，传感器检测到 AGV 小车到位，滚筒步进电动机开始启动，产品从 AGV 小车运输到滚筒前端，由滚筒步进电动机对物料进行传送，如图 5-1-10 所示。

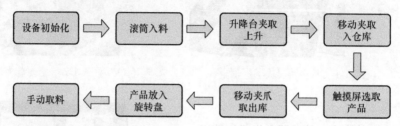

设备初始化 ⇒ 滚筒入料 ⇒ 升降台夹取上升 ⇒ 移动夹取入仓库

触摸屏选取产品

手动取料 ⇐ 产品放入旋转盘 ⇐ 移动夹爪取出库 ⇐ 触摸屏选取产品

图 5-1-9　智能仓储工作站生产流程图

2）上料模块的定位气缸夹取产品，并将产品往上抬升，如图 5-1-11 所示。

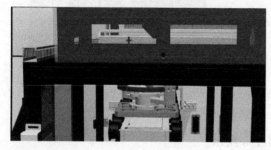

图 5-1-10　滚筒入料

图 5-1-11　升降台夹取上升

3）产品上升到位后，移动模块的夹爪夹取产品入库，立体仓库的传感器检测到有物料进仓，工业指示灯由红变绿，如图 5-1-12 所示。

4）在触摸屏选取产品，移动模块的夹爪夹取产品出库，传感器检测到物料出仓，工业指示灯由绿变红，如图 5-1-13 所示。

图 5-1-12　移动夹爪夹取入仓

图 5-1-13　移动夹爪夹取出库

5）移动模块将产品放入到旋转盘，旋转盘旋转到取料位，由人工进行取料，如图 5-1-14 所示。

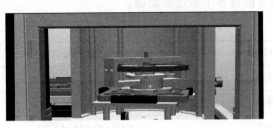

图 5-1-14 放入旋转盘后取料

任务二 智能仓储工作站电气装配

学习情境

了解了智能仓储工作站的组成之后，就要根据设计人员提供的电气原理图进行安装调试，本任务完成智能仓储工作站的各模块电气原理图的识读，然后选择合适的工具根据电气原理图进行电气装配。

学习目标

1. 知识目标

1）了解智能仓储工作站中用到的电气元件。

2）理解各部分的电气原理图。

2. 技能目标

1）能够根据配盘布局图对电气元件进行安装布局。

2）能根据电气原理图进行电气装配。

3. 素养目标

1）严格执行规范，养成严谨科学的工作态度。

2）养成总结训练过程和结果的习惯，为下次训练总结经验。

3）严格执行 6S 现场管理。

本任务对应的任务书、引导问题、计划实施、评价反馈详见本书附册《智能制造生产线装调与维护技能训练活页式工作手册》，请根据教学需要完成对应任务内容。

相关知识点

一、配盘布局

（一）智能仓储工作站的电气元件清单

智能仓储工作站电控盘中主要电气元件清单见表 5-2-1。其中剩余电流断路器、断路器和接触器用于主电路控制。工作站中用了 PLC 进行逻辑控制和运动控制，并使用华太模块进行 I/O 点扩展。送料模块用了两个步进电动机，一个步进电动机进行滚筒的控制，另一个步进电动机控制上料夹爪的升降，另外还有 4 个步进电动机分别控制机器人的 X、Y、Z、U

轴移动和旋转，因此需要配备 6 个步进驱动器。

表 5-2-1 电气元件清单

序号	图号/名称	名称/型号	数量	单位
1	剩余电流断路器	DZ47LE－63C32 30mA（2P）	1	个
2	断路器	NXB－63 C10 10A 2P	1	个
3	断路器	NXB－63 C16 16A 2P	3	个
4	接触器	1810Z－24V	1	个
5	PLC CPU 1212C DC/DC/DC	6ES7 212－1AE40－0XB0	2	个
6	PLC SM 1221	6ES7 221－1BH32－0XB0	1	个
7	适配器	FR8210	1	个
8	数字量输入	FR1108	1	个
9	数字量输出	FR2108	3	个
10	终端模块	FR0200	1	个
11	熔断器	RT18－32 12A	4	个
12	熔断器底座	RT18－32X	2	个
13	开关电源	LRS－350－24	2	个
14	交换机	8 口千兆	1	个
15	5 孔插座	5 孔插座 10A 导轨式	3	个
16	插排	6 位总控 3m（超功率保护）	1	个
17	电源插头	3 脚 10A	2	个
18	无线路由器	450M 基础款	1	个
19	继电器模组	G6B－4BND，国产底座＋进口继电器	1	个
20	步进驱动器	DM422S	6	个

（二）智能仓储工作站的配盘布局

根据配盘布局的原则及项目要求，智能仓储工作站的电控盘配盘布局如图 5-2-1 所示。

二、网络连接

智能仓储工作站与智能分拣工作站一样，利用物联网、工业以太网实现信息互联，接入云端借助数据服务实现一体化联控。智能仓储工作站的网络结构图如图 5-2-2 所示。

三、主电路电气装配

智能仓储工作站主电路电气装配与智能分拣工作站相似，本工作站的主电路如图 5-2-3 所示。

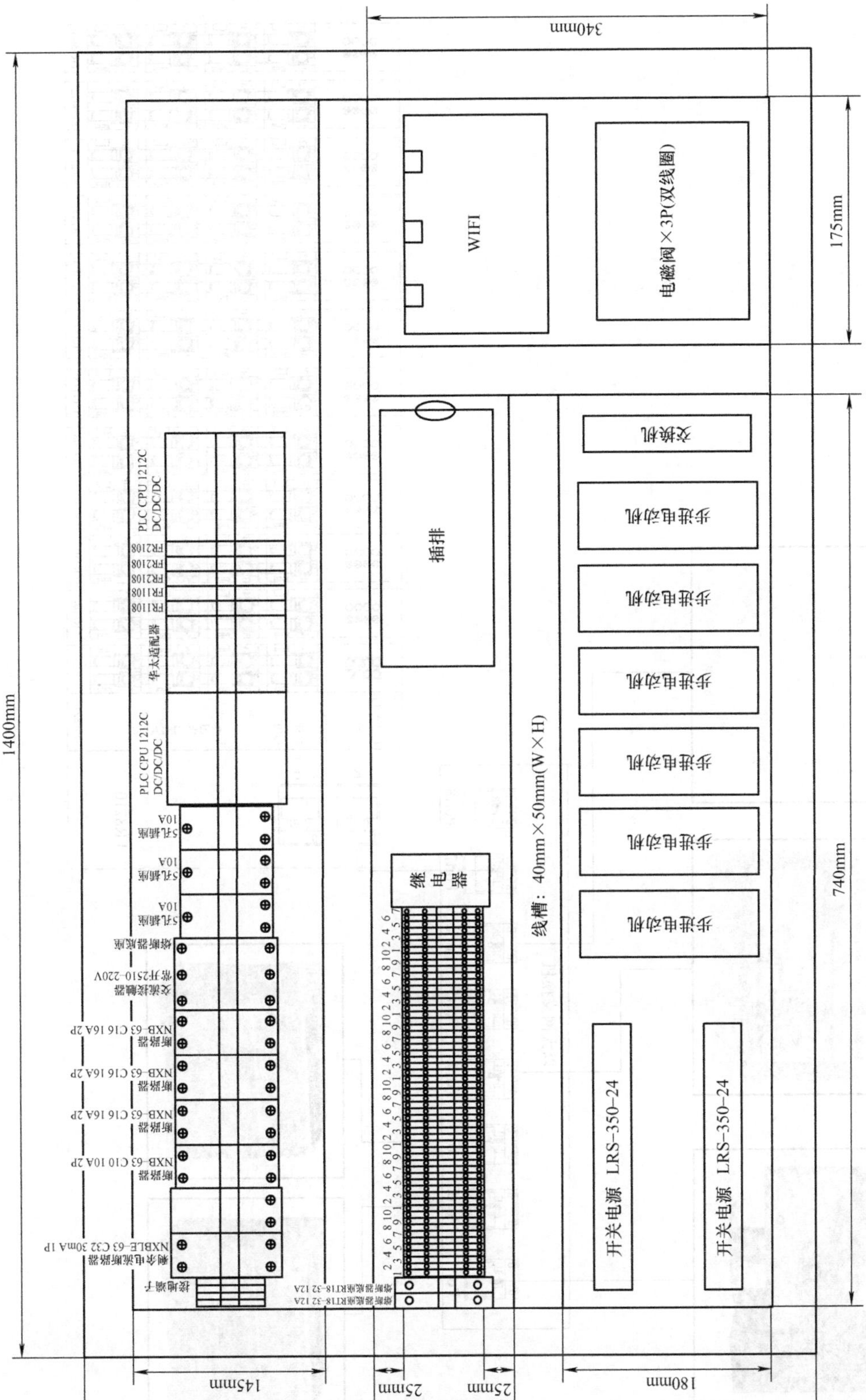

图 5-2-1 智能仓储工作站的电控盘配盘布局

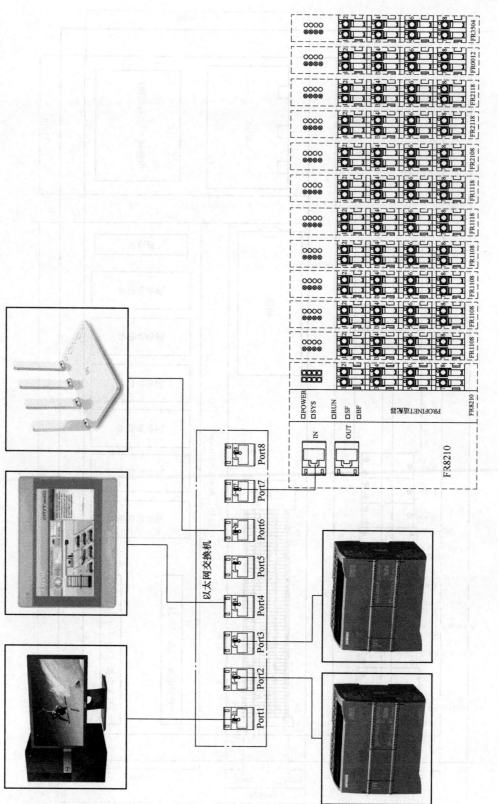

图 5 - 2 - 2　网络结构图

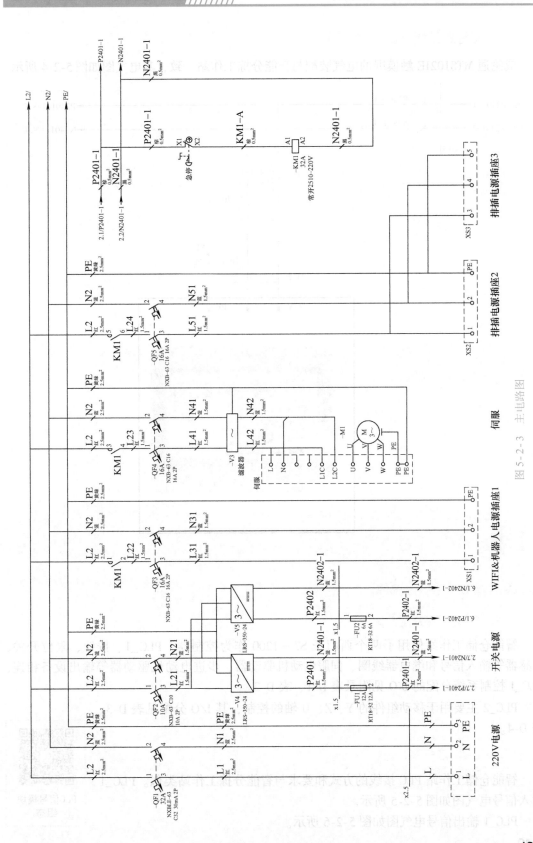

图 5-2-3　主电路图

四、触摸屏电气装配

威纶通 MT8102IE 触摸屏的电气装配与智能分拣工作站一致，其电气图如图 5-2-4 所示。

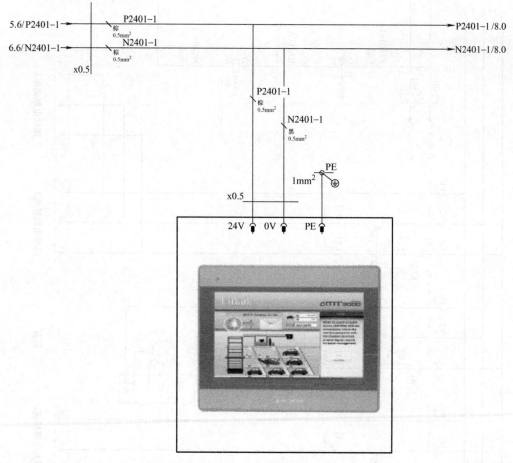

图 5-2-4　触摸屏电气图

五、PLC 电气装配

（一）I/O 地址分配

智能仓储工作站使用了两个西门子 S7 – 1200 作为控制器，PLC_1、按钮、限位开关、传感器等输入信号和继电器线圈、伺服电动机驱动器、步进电动机驱动器等输出设备相连，PLC_1 控制系统分配的 I/O 见附录表 D-1、表 D-2。

PLC_2 主要用于移动组件的 Y、Z、U 轴的控制，其 I/O 分配见表 D-3、表 D-4。

（二）PLC 电气装配

智能仓储工作站 PLC 接线的方式和要求与智能分拣工作站类似。PLC_1 输入信号电气图如图 5-2-5 所示。

PLC_1 输出信号电气图如图 5-2-6 所示。

PLC信号模块
组态

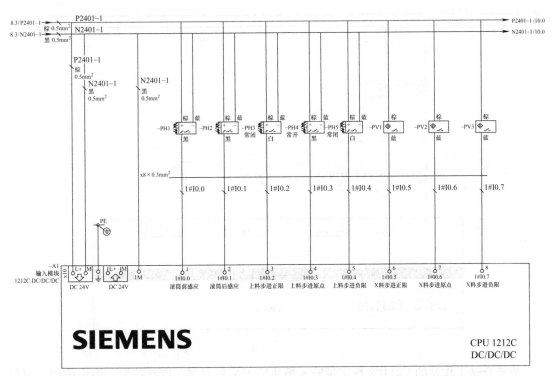

图 5-2-5　PLC_1 输入信号电气图

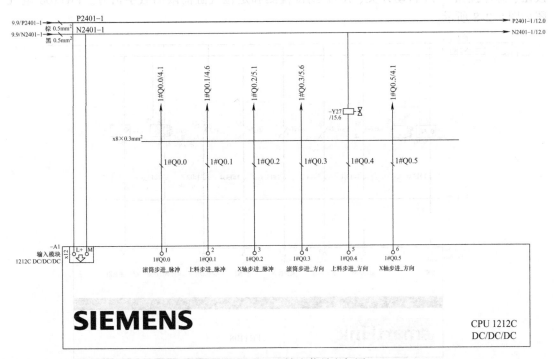

图 5-2-6　PLC_1 输出信号电气图

PLC_1 与 FR8210 适配器通过 PROFINET 通信线缆连接，智能仓储工作站的 FR8210 适配器的电气图如图 5-2-7 所示。

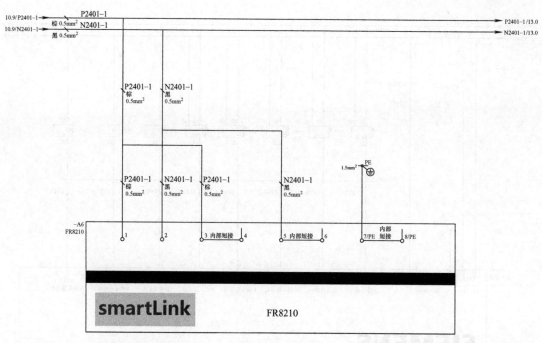

图 5-2-7　FR8210 适配器电气图

智能仓储工作站的 FR1108 数字量输入模块用于采集光栅、启动按钮、停止按钮、复位按钮、急停按钮、手/自动开关、AGV 到位检测和定位气缸前限的数字信号。FR1108 电气图如图 5-2-8 所示。

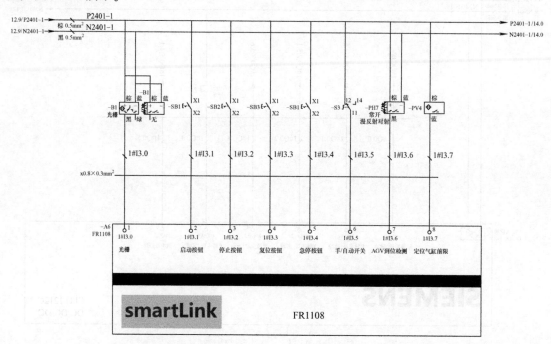

图 5-2-8　FR1108 电气图

智能仓储工作站用到了 3 个 FR2108 数字量输出模块，FR2108_1 用于给夹爪气缸夹紧和松开、上料步进电动机刹车、旋转气缸正旋、立体仓储亮绿灯输出数字信号，电气图如图 5-2-9 所示。

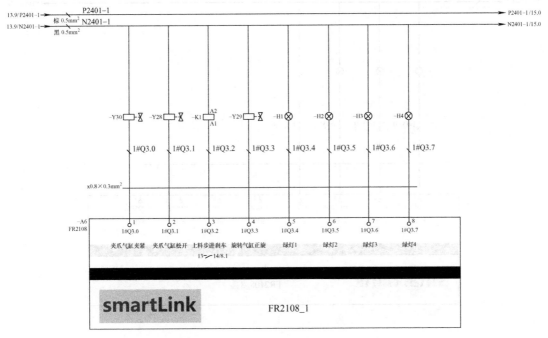

图 5-2-9　FR2108_1 电气图

FR2108_2 用于给三色灯、定位 1 气缸夹紧和松开、Z 轴步进电动机刹车和旋转气缸反旋输出数字信号，电气图如图 5-2-10 所示。

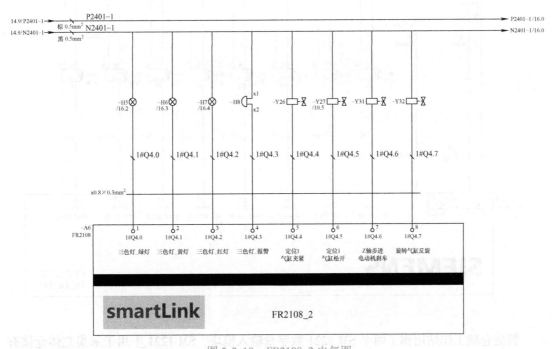

图 5-2-10　FR2108_2 电气图

FR2108_3 用于给立体仓储亮红灯输出数字信号，电气图如图 5-2-11 所示。

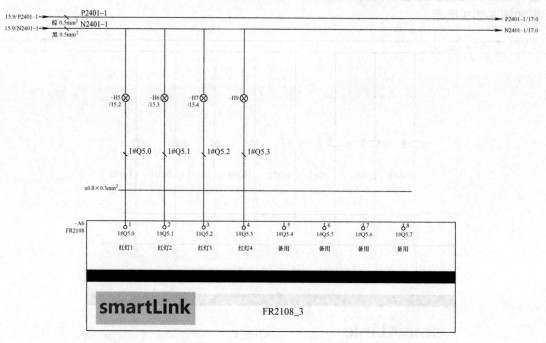

图 5-2-11   FR2108_3 电气图

PLC_2 的输入电气图如图 5-2-12 所示。

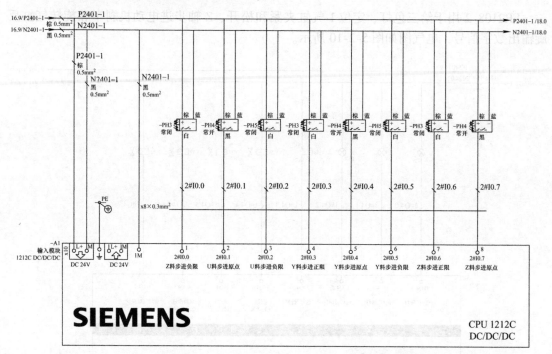

图 5-2-12   PLC_2 的输入电气图

智能仓储工作站用到了两个 SM 1221 数字量输入模块，SM 1221_1 用于采集立体仓储有料检测、定位气缸后限、旋转正旋位和反旋位、物料上升到位检测的数字信号。SM 1221_1 的电气图如图 5-2-13 所示。

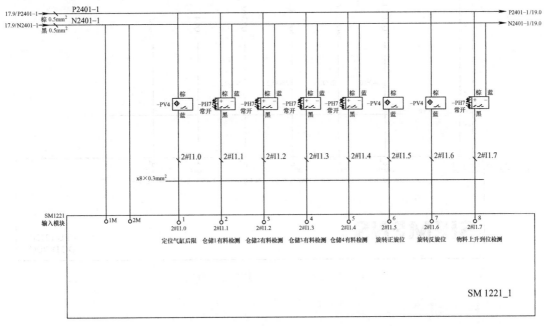

图 5-2-13　SM 1221_1 电气图

SM 1221_2 用于采集 Z 料步进电动机负限位、U 料步进电动机正限位、U 料步进电动机原点和负限位的数字信号。SM 1221_2 的电气图如图 5-2-14 所示。

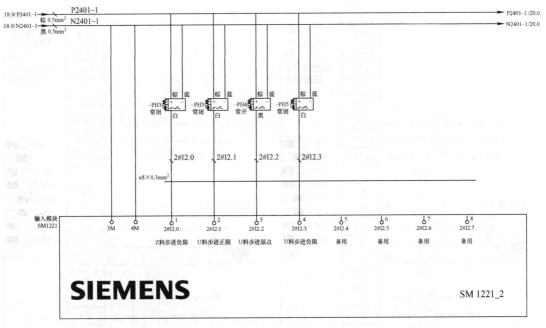

图 5-2-14　SM 1221_2 电气图

PLC_2 的输出电气图如图 5-2-15 所示。

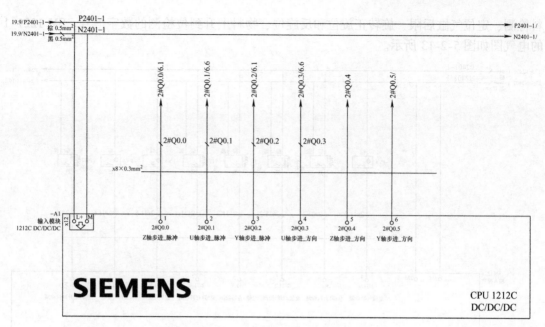

图 5-2-15　PLC_2 输出电气图

六、电动机电气装配

智能仓储工作站中用到了 6 个步进电动机和配套的驱动器，分别为滚筒步进电动机、上料步进电动机和移动组件的 X、Y、Z、U 四个轴的步进电动机，其中上料步进电动机和 Z 轴步进电动机带有刹车功能。步进驱动器接线如图 5-2-16 ~ 图 5-2-18 所示。

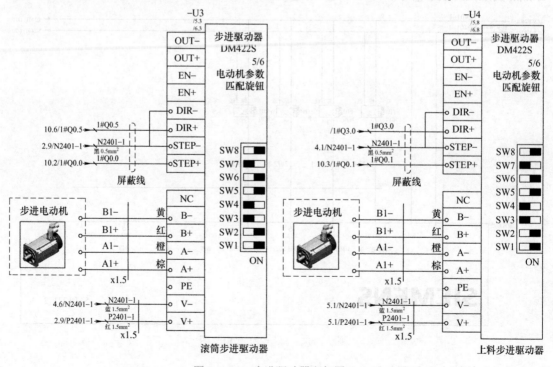

图 5-2-16　步进驱动器电气图_1

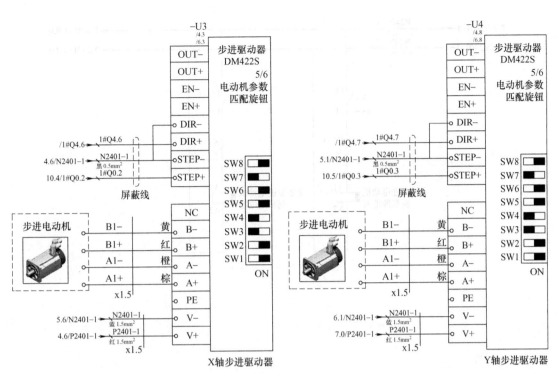

图 5-2-17　步进驱动器电气图_2

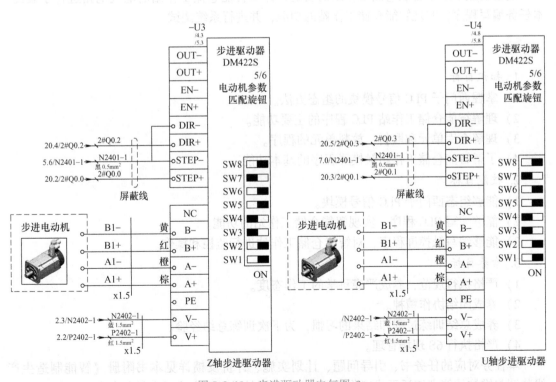

图 5-2-18　步进驱动器电气图_3

图 5-2-19 为上料步进电动机和 Z 轴步进电动机的刹车继电器电气图。

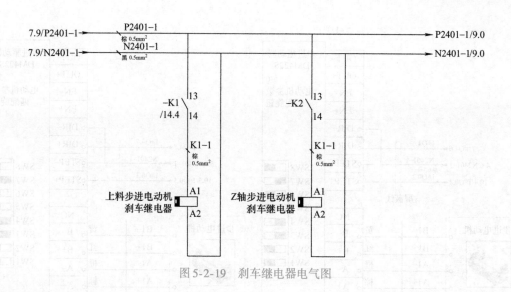

图 5-2-19　刹车继电器电气图

任务三　智能仓储工作站系统调试

学习情境

现在已经了解了智能仓储工作站的功能，并对智能仓储工作站的电气电路进行了装配。本任务编写程序，实现智能仓储工作站的功能，并进行系统调试。

学习目标

1. 知识目标

1）掌握西门子 PLC 信号模块的组态方法。

2）理解智能仓储工作站 PLC 程序的主要功能。

3）理解仓库单元和取料、放料单元的程序。

4）了解智能仓储工作站触摸屏程序的基本功能。

2. 技能目标

1）能够组态西门子 PLC 信号模块。

2）能够编写 PLC 程序，实现智能仓储工作站的功能。

3）能够编写触摸屏程序，对智能仓储工作站进行监控和操作。

3. 素养目标

1）严格执行规范，养成严谨科学的工作态度。

2）养成团结协作精神。

3）养成总结训练过程和结果的习惯，为下次训练总结经验。

4）严格执行 6S 现场管理。

本任务对应的任务书、引导问题、计划实施、评价反馈详见本书附册《智能制造生产线装调与维护技能训练活页式工作手册》，请根据教学需要完成对应任务内容。

相关知识点

一、西门子 PLC 信号模块的组态

本站 PLC 要在编程中使用信号模块的输入和输出，还需要在博图软件中进行信号模块的组态。下面以信号模块 SM 1221 为例进行组态。信号模块组态见表 5-3-1。

表 5-3-1　信号模块组态

序号	操作步骤	示意图
1	在博图软件中新增指定型号的 PLC	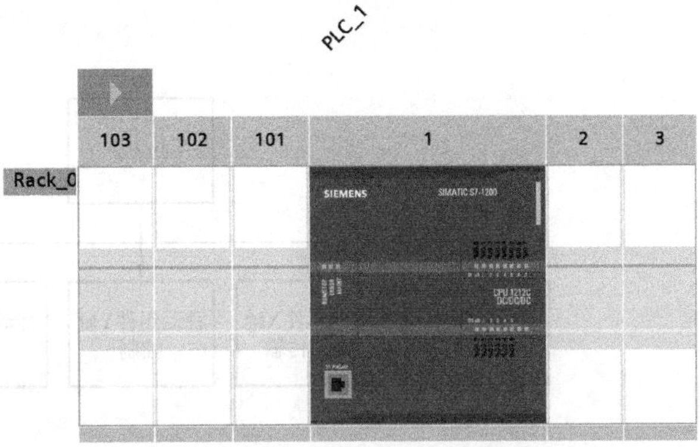
2	在"硬件目录"中，找到信号模块"DI 16 × 24VDC"，并双击对应的订单号将信号模块添加进来	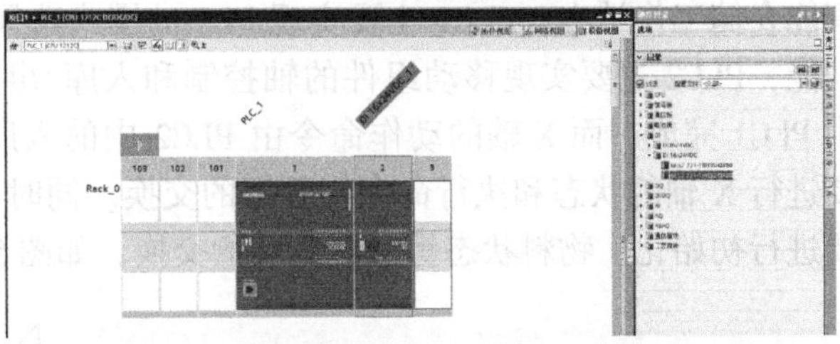
3	在"设备视图"选项卡中，根据需要设置信号板的地址	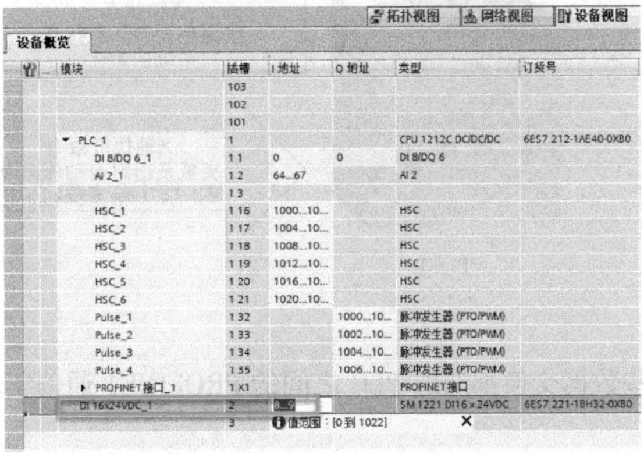

二、PLC 程序调试

（一）PLC 程序分析

智能仓储工作站的主要功能为来料进仓和物料出仓，首先实现一个仓位的入仓和出仓

功能。

PLC1 和 PLC2 程序主要功能分别如图 5-3-1 和图 5-3-2 所示。

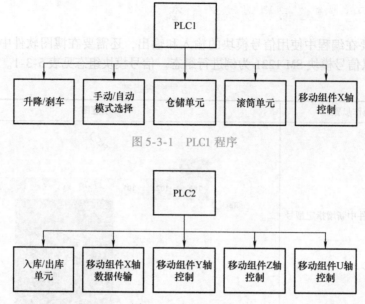

图 5-3-1　PLC1 程序

图 5-3-2　PLC2 程序

智能仓储工作站中，PLC1 主要实现 PLC 的模式选择，仓储单元检测显示及滚筒单元上料的功能，PLC2 主要实现移动组件的轴控制和入库/出库动作的执行。移动组件中 X 轴的控制由 PLC1 完成，而 X 轴的动作命令由 PLC2 中的入库/出库单元下达，因此两个 PLC 之间需要进行 X 轴的状态和执行命令等数据的交换。同时在执行入库/出库动作时，PLC 之间还需要进行初始化、物料状态等数据之间的交换，如图 5-3-3 所示。

图 5-3-3　PLC 之间的数据交换

这些数据交换都通过 PLC 之间的 PROFINET 通信实现。PLC 之间数据映射关系如图 5-3-4 所示。

...	传输区	类型	IO 控制器中的地址	↔	智能设备中的地址	长度
1	PLC2_I < PLC1_Q	CD	I 100...101	← Q 100...101		2 字节
2	PLC2_Q > PLC1_I	CD	Q 100...101	→ I 100...101		2 字节
3	<新增>					

图 5-3-4　PLC 之间数据映射关系

在程序中，具体涉及 I/O 映射关系见表 5-3-2。

表 5-3-2 I/O 映射关系

PLC1		PLC2	
地址	说明	地址	说明
Q100.0	X 轴在位置 1	I100.0	X 轴在安全位置中
Q100.1	X 轴在位置 2	I100.1	X 轴在取料位置中
Q100.2	X 轴在位置 3	I100.2	X 轴在入库放料位置中
Q100.3	X 轴在位置 4	I100.3	X 轴在订单出库位置中
Q100.7	系统初始化中	I100.7	Y、Z、U 轴初始化中
Q101.0	升降轴取料允许	I101.0	升降轴取料允许
Q101.1	升降轴在安全位置	I101.1	升降轴在安全位置
I100.0	X 轴去位置 1	Q100.0	X 轴去安全位置
I100.1	X 轴去位置 2	Q100.1	X 轴去取料位置
I100.2	X 轴去位置 3	Q100.2	X 轴去放料位置
I100.3	X 轴去位置 4	Q100.3	X 轴去出库位置
I100.7	Y、Z、U 轴初始化完成	Q100.7	Y、Z、U 轴初始化完成
I101.0	升降平台取料完成	Q101.0	升降平台取料完成
I101.6	出料平台 0°	Q101.6	出料平台 0°
I101.7	夹爪气缸夹紧	Q101.7	夹爪气缸夹紧

（二）仓储单元功能实现

PLC1 程序中仓储单元主要用于检知仓储中是否有物料，并通过红色指示灯和绿色指示灯指示状态。仓储单元功能实现见表 5-3-3。

表 5-3-3 仓储单元功能实现

序号	操作步骤	示意图
1	在 PLC1 中创建 PLC 变量	
2	创建仓储单元 FB 块，并创建功能块的内部变量表	

（续）

<table>
<tr><th>序号</th><th>操作步骤</th><th>示意图</th></tr>
<tr><td>3</td><td>在主程序中调用“仓储单元”模块</td><td>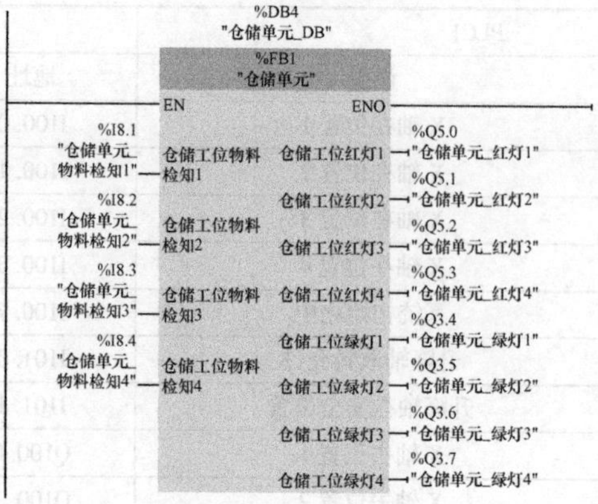
</td></tr>
<tr><td>4</td><td>编写仓储单元 FB 块的程序，根据物料检测情况设置对应的工位指示灯</td><td>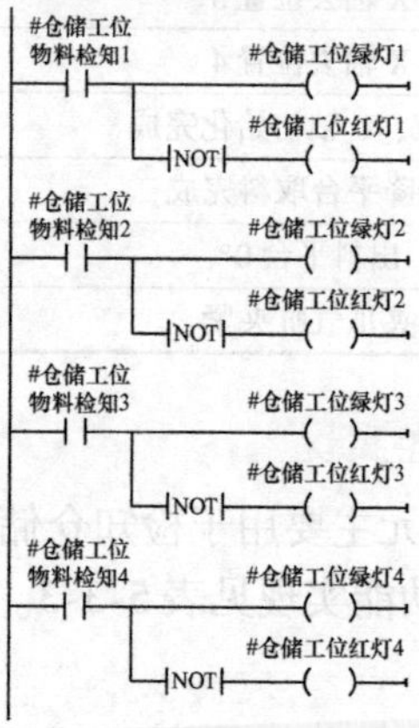
</td></tr>
</table>

（三）取料放料单元功能实现

取料放料单元的功能为实现物料的入库和出库，见表 5-3-4。

表 5-3-4　取料放料单元功能实现

<table>
<tr><th>序号</th><th>操作步骤</th><th>示意图</th></tr>
<tr><td>1</td><td>在 PLC2 中创建 PLC 变量</td><td>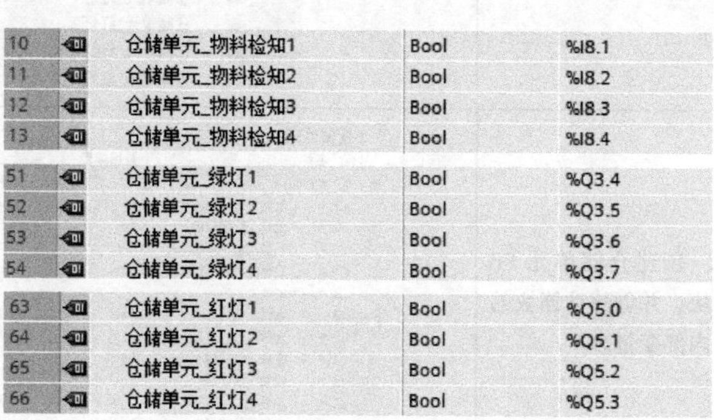
<table>
<tr><td>10</td><td>仓储单元_物料检知1</td><td>Bool</td><td>%I8.1</td></tr>
<tr><td>11</td><td>仓储单元_物料检知2</td><td>Bool</td><td>%I8.2</td></tr>
<tr><td>12</td><td>仓储单元_物料检知3</td><td>Bool</td><td>%I8.3</td></tr>
<tr><td>13</td><td>仓储单元_物料检知4</td><td>Bool</td><td>%I8.4</td></tr>
<tr><td>51</td><td>仓储单元_绿灯1</td><td>Bool</td><td>%Q3.4</td></tr>
<tr><td>52</td><td>仓储单元_绿灯2</td><td>Bool</td><td>%Q3.5</td></tr>
<tr><td>53</td><td>仓储单元_绿灯3</td><td>Bool</td><td>%Q3.6</td></tr>
<tr><td>54</td><td>仓储单元_绿灯4</td><td>Bool</td><td>%Q3.7</td></tr>
<tr><td>63</td><td>仓储单元_红灯1</td><td>Bool</td><td>%Q5.0</td></tr>
<tr><td>64</td><td>仓储单元_红灯2</td><td>Bool</td><td>%Q5.1</td></tr>
<tr><td>65</td><td>仓储单元_红灯3</td><td>Bool</td><td>%Q5.2</td></tr>
<tr><td>66</td><td>仓储单元_红灯4</td><td>Bool</td><td>%Q5.3</td></tr>
</table></td></tr>
</table>

（续）

序号	操作步骤	示意图
2	创建主 FB 块 PLC_main，创建内部中间变量	（见下表 Static 变量表）
3	创建取料放料单元 FB 块，并创建内部变量	（见下表 Input/Output/InOut/Static 变量表）

序号 2 示意图内容（Static）：

	名称	数据类型	默认值	保持			
7	▼ Static						
8	X_升降取料位	Bool	false	非保持	☑	☑	☑
9	Y_升降取料位	Bool	false	非保持	☑	☑	☑
10	Z_升降取料位	Bool	false	非保持	☑	☑	☑
11	X_入库放料位	Bool	false	非保持	☑	☑	☑
12	Y_入库放料位	Bool	false	非保持	☑	☑	☑
13	Z_放料取料缓存点	Bool	false	非保持	☑	☑	☑
14	Z_入库放料位	Bool	false	非保持	☑	☑	☑
15	X_订单出库位	Bool	false	非保持	☑	☑	☑
16	Y_订单出库位	Bool	false	非保持	☑	☑	☑
17	Z_订单出库位	Bool	false	非保持	☑	☑	☑
18	Z_订单目标位	Bool	false	非保持	☑	☑	☑
19	X_安全位置	Bool	false	非保持	☑	☑	☑
20	Y_安全位置	Bool	false	非保持	☑	☑	☑
21	Z_安全位置	Bool	false	非保持	☑	☑	☑
22	U_0°位置	Bool	false	非保持	☑	☑	☑
23	U_90°位置	Bool	false	非保持	☑	☑	☑
24	U_180°位置	Bool	false	非保持	☑	☑	☑
25	升降轴取料允许	Bool	false	非保持	☑	☑	☑
26	升降轴在安全位置	Bool	false	非保持	☑	☑	☑
27	X_在升降取料位中	Bool	false	非保持	☑	☑	☑
28	Y_在升降取料位中	Bool	false	非保持	☑	☑	☑
29	Z_在升降取料位中	Bool	false	非保持	☑	☑	☑
30	X_在入库放料位中	Bool	false	非保持	☑	☑	☑
31	Y_在入库放料位中	Bool	false	非保持	☑	☑	☑
32	Z_在入库放料位中	Bool	false	非保持	☑	☑	☑
33	Z_在放料取料缓存点中	Bool	false	非保持	☑	☑	☑
34	X_在订单出库位中	Bool	false	非保持	☑	☑	☑
35	Y_在订单出库位中	Bool	false	非保持	☑	☑	☑
36	Z_在订单出库位中	Bool	false	非保持	☑	☑	☑
37	Z_在订单目标位中	Bool	false	非保持	☑	☑	☑
38	X_在安全位置中	Bool	false	非保持	☑	☑	☑
39	Y_在安全位置中	Bool	false	非保持	☑	☑	☑
40	U_在0°位置中	Bool	false	非保持	☑	☑	☑
41	U_在0°位置中	Bool	false	非保持	☑	☑	☑
42	U_在90°位置中	Bool	false	非保持	☑	☑	☑
43	U_在180°位置中	Bool	false	非保持	☑	☑	☑
44	XYZU轴初始化中	Bool	false	非保持	☑	☑	☑
45	YZU轴初始化中	Bool	false	非保持	☑	☑	☑
46	Y初始化完成	Bool	false	非保持	☑	☑	☑
47	Z初始化完成	Bool	false	非保持	☑	☑	☑
48	U初始化完成	Bool	false	非保持	☑	☑	☑

序号 3 示意图内容：

	名称	数据类型	默认值	保持			
1	▼ Input						
2	升降轴取料允许	Bool	false	非保持	☑	☑	☑
3	升降轴在安全位置	Bool	false	非保持	☑	☑	☑
4	X_在升降取料位中	Bool	false	非保持	☑	☑	☑
5	Y_在升降取料位中	Bool	false	非保持	☑	☑	☑
6	Z_在升降取料位中	Bool	false	非保持	☑	☑	☑
7	X_在入库放料位中	Bool	false	非保持	☑	☑	☑
8	Y_在入库放料位中	Bool	false	非保持	☑	☑	☑
9	Z_在入库放料位中	Bool	false	非保持	☑	☑	☑
10	X_在订单出库位中	Bool	false	非保持	☑	☑	☑
11	Y_在订单出库位中	Bool	false	非保持	☑	☑	☑
12	Z_在订单出库位中	Bool	false	非保持	☑	☑	☑
13	Z_在缓存位中	Bool	false	非保持	☑	☑	☑
14	Z_在目标位中	Bool	false	非保持	☑	☑	☑
15	X_在安全位置中	Bool	false	非保持	☑	☑	☑
16	Y_在安全位置中	Bool	false	非保持	☑	☑	☑
17	Z_在安全位置中	Bool	false	非保持	☑	☑	☑
18	U_在0°位置中	Bool	false	非保持	☑	☑	☑
19	U_在90°位置中	Bool	false	非保持	☑	☑	☑
20	U_在180°位置中	Bool	false	非保持	☑	☑	☑
21	▼ Output						
22	X_升降取料位	Bool	false	非保持	☑	☑	☑
23	Y_升降取料位	Bool	false	非保持	☑	☑	☑
24	Z_升降取料位	Bool	false	非保持	☑	☑	☑
25	X_入库放料位	Bool	false	非保持	☑	☑	☑
26	Y_入库放料位	Bool	false	非保持	☑	☑	☑
27	Z_入库放料位	Bool	false	非保持	☑	☑	☑
28	X_订单出库位	Bool	false	非保持	☑	☑	☑
29	Y_订单出库位	Bool	false	非保持	☑	☑	☑
30	Z_订单出库位	Bool	false	非保持	☑	☑	☑
31	Z_放料取料缓存点	Bool	false	非保持	☑	☑	☑
32	Z_订单目标位	Bool	false	非保持	☑	☑	☑
33	X_安全位置	Bool	false	非保持	☑	☑	☑
34	Y_安全位置	Bool	false	非保持	☑	☑	☑
35	Z_安全位置	Bool	false	非保持	☑	☑	☑
36	U_0°位置	Bool	false	非保持	☑	☑	☑
37	U_90°位置	Bool	false	非保持	☑	☑	☑
38	U_180°位置	Bool	false	非保持	☑	☑	☑
39	夹爪	Bool	false	非保持	☑	☑	☑
40	出料平台0°	Bool	false	非保持	☑	☑	☑
41	升降平台允许动作	Bool	false	非保持	☑	☑	☑
42	升降平台取料完成	Bool	false	非保持	☑	☑	☑
43	▼ InOut						
44	<新增>						
45	▼ Static						
46	取料入库动作资料	Int	0	非保持	☑	☑	☑
47	订单出库动作资料	Int	0	非保持	☑	☑	☑

153

（续）

序号	操作步骤	示意图
4	在 PLC_main 中调用"峰巢取料放料单元"模块，并将 PLC_main 的中间变量和取料放料单元的输入/输出信号关联起来	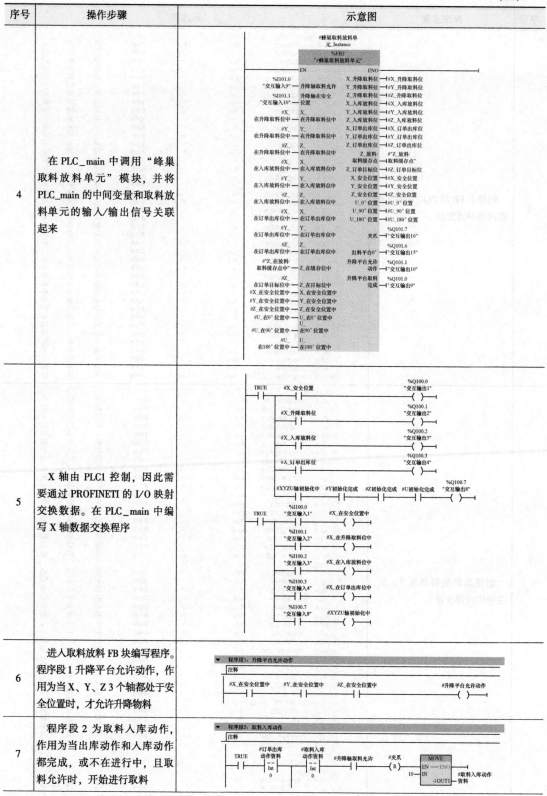
5	X 轴由 PLC1 控制，因此需要通过 PROFINETI 的 I/O 映射交换数据。在 PLC_main 中编写 X 轴数据交换程序	
6	进入取料放料 FB 块编写程序。程序段 1 升降平台允许动作，作用为当 X、Y、Z 3 个轴都处于安全位置时，才允许升降物料	
7	程序段 2 为取料入库动作，作用为当出库动作和入库动作都完成，或不在进行中，且取料允许时，开始进行取料	

（续）

序号	操作步骤	示意图
8	进行取料，首先 Y 轴到安全位置，U 轴到0°位置，Z 轴到安全位置	
9	各轴到安全位置后，X 轴、Y 轴和 Z 轴到升降取料位	
10	夹爪动作，进行取料	
11	取料后，Z 轴到缓存点，然后 U 轴到90°位置，并告知取料完成	
12	X、Y、Z 轴依次到达入库放料位置	

（续）

序号	操作步骤	示意图
13	入库放料，并回安全位置	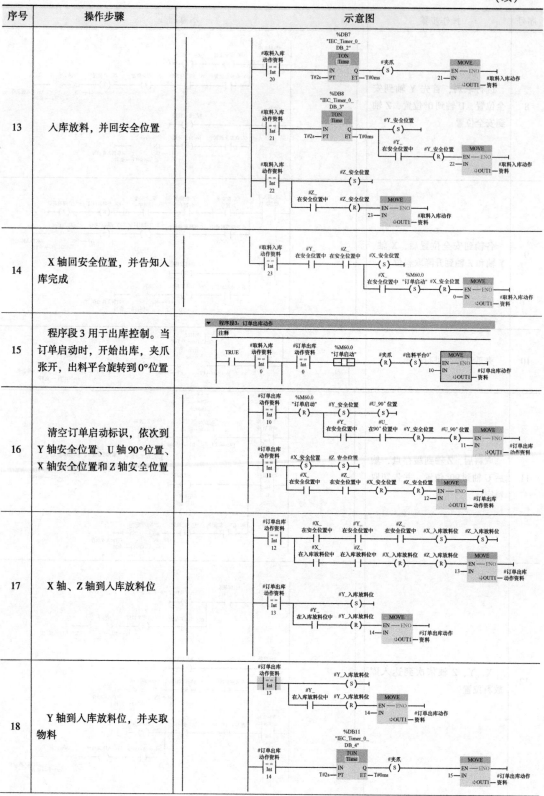
14	X轴回安全位置，并告知入库完成	
15	程序段3用于出库控制。当订单启动时，开始出库，夹爪张开，出料平台旋转到0°位置	
16	清空订单启动标识，依次到Y轴安全位置、U轴90°位置、X轴安全位置和Z轴安全位置	
17	X轴、Z轴到入库放料位	
18	Y轴到入库放料位，并夹取物料	

（续）

序号	操作步骤	示意图
19	Y轴到安全位置，X轴和Z轴到出库位	（梯形图）
20	Z轴到订单目标位，松开夹爪，放料	（梯形图）
21	Y轴到安全位，Z轴到安全位	（梯形图）
22	X轴到安全位，出料平台翻转，出料	（梯形图）
23	用于触摸屏显示订单进度	（梯形图）

三、触摸屏程序

智能仓储工作站的触摸屏程序主要包括用户开始界面、运行界面、订单界面、设备监控、维护记录、维护信息、警报信息等。其中运行界面用于监控工作站的运行状态或进行手动操作，如显示轴信息、显示订单进度、轴点动操作、订单下达等。

（一）用户登录界面

用户开始界面（见图5-3-5）用于用户登录。

（二）运行界面

运行界面（见图5-3-6和图5-3-7）用于显示智能仓储工作站中各轴的状态，并进行各轴的手动操作。

图 5-3-5　用户登录界面

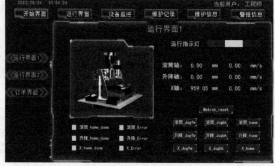

图 5-3-6　运行界面 1

（三）订单界面

订单界面（见图5-3-8）用于显示订单进度和下达订单。

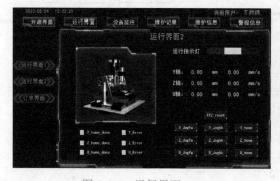

图 5-3-7　运行界面 2

图 5-3-8　订单界面

项目六

智能制造生产线维护

项目概述

对于制造企业的生产命脉——生产线设备来说，对设备进行定期的维护能够防患于未然。目前，基于设备大数据的分析和挖掘，可以使操作人员能够提前预测设备故障、发现设备潜在的运行风险，并进一步优化设备的运维计划和提高设备的运行效率，从而有效地延长设备使用寿命。

知识图谱

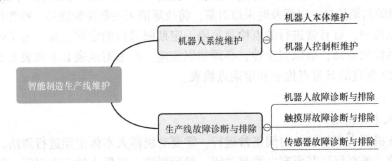

智能制造生产线维护
- 机器人系统维护
  - 机器人本体维护
  - 机器人控制柜维护
- 生产线故障诊断与排除
  - 机器人故障诊断与排除
  - 触摸屏故障诊断与排除
  - 传感器故障诊断与排除

任务一　机器人系统维护

学习情境

在需要24h不停运转的工厂里，突发的停机事件是无法忍受的。那么有什么方法来降低设备故障造成的生产损失和材料浪费？最佳答案当然是预测性维护。对工业机器人进行日常的检测和维护以确保其功能正常，可以有效降低设备的故障率，保证生产运行。本任务学习机器人系统的维护。

学习目标

1. 知识目标
1) 了解机器人本体维护的内容。
2) 了解机器人控制柜维护的内容。
3) 了解机器人维护时常用的工具。

2. 技能目标

1）掌握工业机器人本体的维护保养操作流程。

2）掌握工业机器人控制柜的维护保养操作流程。

3. 素养目标

1）养成安全操作的规范。

2）严格执行维护维修手册的要求，养成规范的操作习惯。

本任务对应的任务书、引导问题、计划实施、评价反馈详见本书附册《智能制造生产线装调与维护技能训练活页式工作手册》，请根据教学需要完成对应任务内容。

相关知识点

一、机器人本体维护

工业机器人在长期运行过程中，由于机件磨损、自然腐蚀和其他原因，技术性能将有所下降，如长期缺乏维护，不仅会缩短工业机器人本身的寿命，还会成为影响生产安全和产品质量的一大隐患。定期对工业机器人本体进行维护保养可以延长工业机器人的使用寿命。

（一）维护计划

设备点检是一种以点检为核心的设备维修管理方式。它是利用人的五官或借助简单的仪器工具，按照预先计划，对设备进行定点、定期的检查；对照标准发现设备的异常现象和隐患，掌握设备故障的初期信息，以便及时采取对策，将故障消灭在萌芽阶段的一种管理方法。

在维护点检中，有日常进行的点检及每隔一定期限进行的定期点检。为了防范故障于未然，延长产品使用寿命，确保安全性，必须加以实施。本书附录表 E-1 和表 E-2 为针对工业机器人 IRB120 制定的日常点检表和定期点检表。

（二）维护实施

1. 机器人本体清洁

为了保证机器人能够较长时间正常运行，需要对机器人本体定期进行清洁。在对机器人进行清洁之前，务必保证其所有电源都关闭，然后再进入机器人的工作空间。清洁之前要确认工业机器人的防护类型。

（1）清洁方法　表 6-1-1 为不同防护类型的 ABB 工业机器人 IRB120 所允许的清洁方法。

表 6-1-1　机器人清洁方法

工业机器人防护类型	清洁方法		
	真空吸尘器	用布擦拭	用水冲洗
标准版 IP30	可以	可以，使用少量清洁剂	不可以
洁净室版	可以	可以，使用少量清洁剂、酒精或异丙醇酒精	不可以

（2）注意事项

1）务必按照规定使用清洁设备。

2）清洁前，务必先检查所有保护盖是否已安装到工业机器人上。

3）切勿进行以下操作：

① 使用清水对准连接器、接点、密封件或垫圈。

② 使用压缩空气清洁工业机器人。

③ 使用高压蒸汽或高压水清洁工业机器人。

④ 清洁工业机器人之前，卸下任何保护盖或其他保护装置。

⑤ 使用未获工业机器人厂家批准的溶剂清洁工业机器人。

2. 检查工业机器人线缆

工业机器人布线包含工业机器人与控制柜之间的线缆，主要是伺服电动机动力线缆、转数计数器线缆、示教器线缆和用户线缆。

按照表 6-1-2 的操作步骤检查机器人线缆。

3. 检查机械限位

在轴 1、轴 2、轴 3 的运动极限位置有机械限位，用于限制轴运动范围以满足应用中的需要。为了安全要定期点检所有的机械限位是否完好，功能是否正常。

图 6-1-1 为轴 1、轴 2 和轴 3 上的机械限位位置。

按照表 6-1-3 的操作步骤检查机器人各个轴的机械限位。

表 6-1-2　机器人线缆检查步骤

序号	检查步骤
1	关闭机器人的所有电力、液压和气压供给
2	目测检查： ① 机器人与控制柜之间的控制线缆 ② 工业机器人与控制柜之间的控制线缆
3	如果检测到磨损或损坏，则更换线缆

表 6-1-3　机械限位检查步骤

序号	检查步骤
1	关闭机器人的所有电力、液压和气压供给
2	检查机械限位
3	机械限位出现以下情况时，应马上进行更换： ① 弯曲变形； ② 松动； ③ 损坏。 **注意**：与机械限位的碰撞会导致齿轮箱的预期使用寿命缩短。在示教与调试工业机器人时要特别小心

4. 检查塑料盖

ABB 机器人塑料盖拆解如图 6-1-2 所示。

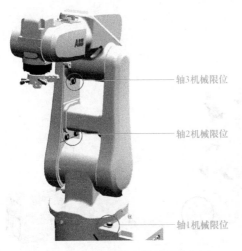

图 6-1-1　ABB 机器人机械限位位置

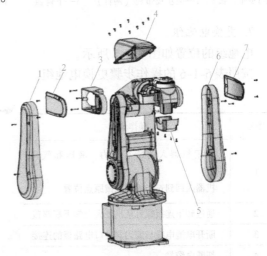

图 6-1-2　ABB 机器人塑料盖拆解图

1、6—下臂盖　2、7—腕侧盖　3—护腕　4—壳盖　5—倾斜盖

按照表 6-1-4 的操作步骤更换塑料盖。

5. 检查信息标签

工业机器人上所贴有的安全和信息标签都包含着产品的相关重要信息。这些信息对操作人员非常有用，尤其是在检修、操作或安装期间。所以必须维护好这些信息标签。

6. 检查同步带

同步带的位置示意图如图 6-1-3 和图 6-1-4 所示。

按照表 6-1-5 同步带检查步骤检查同步带。

表 6-1-4　更换塑料盖步骤

序号	操作步骤
1	关闭机器人的所有电力、液压和气压供给
2	检查塑料盖是否存在： ① 裂纹 ② 其他类型的损坏
3	如果检测到裂纹或损坏，则更换塑料盖

表 6-1-5　同步带检查步骤

序号	检查步骤
1	关闭机器人的所有电力、液压和气压供给
2	拆除塑料盖，拆下每条同步带
3	检查同步带是否损坏或磨损
4	检查同步带轮是否损坏
5	如果检查到任何损坏或磨损，则必须更换该部件
6	使用张力计对同步带的张力进行检查

图 6-1-3　同步带的位置示意图 1

1—同步带，轴 3　2—同步皮带轮（两件）　3—下臂盖

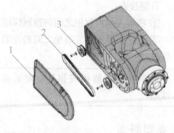

图 6-1-4　同步带的位置示意图 2

1—手臂侧盖　2—同步带，轴 5　3—同步皮带轮（两件）

7. 更换电池组

电池组的位置如图 6-1-5 所示。

按照表 6-1-6 的操作步骤更换电池组。

表 6-1-6　电池组更换步骤

序号	操作步骤
1	关闭机器人的所有电力、液压和气压供给！ 机器人回到 6 个轴的机械原点位置
2	通过卸下连接螺钉从机器人上卸下底座盖
3	断开电池电缆与编码器接口电路板的连接
4	切断电缆带
5	卸下电池组

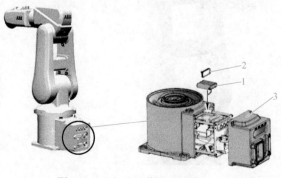

图 6-1-5　电池组位置示意图

1—电缆带　2—电池组　3—底座盖

（三）　机器人维护常用工具

除了常规电工常备的工具及仪表以外，表6-1-7中的工具是在对工业机器人本体进行维护时一定会用到的，在开始进行机器人本体维护作业前要准备好对应的工具。

表6-1-7　机器人维护常用工具

工具名称及规格	图示
内六角螺钉，规格：2.5~17mm	
星形加长扳手，规格：2.5~17mm	
扭矩扳手，规格：扭矩为0~60N·m，转接头：1/2	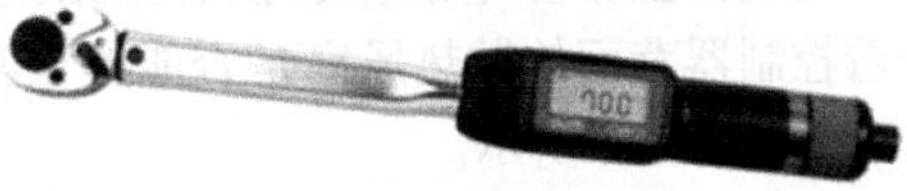
塑料锤，规格：锤面宽度为25mm，长度为300mm	
钢丝钳，规格：5in	
尖嘴钳	

二、机器人控制柜维护

（一）　维护计划

对工业机器人标准型控制柜IRC5进行定期的检查与维护保证，其能够正常运行。针对控制柜制定的日常点检表和定期点检表可参考本书附录表E-3和表E-4。

（二）　维护实施

1. 控制柜的清洁

在对控制柜进行清洁之前，务必保证其所有电源都关闭，然后再对控制柜进行清洁。如需对内部进行清洁，请使用ESD保护的真空吸尘器来清洁控制柜内部。

2. 检查示教器

每次开始操作之前，务必检查好示教器（见图6-1-6）的功能是否能够正常使用，以免因为误操作而造成人身安全事故。

按照表 6-1-8 所示的校验要求对示教器进行校验。

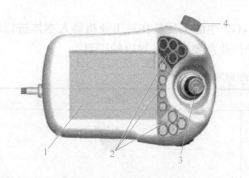

图 6-1-6　示教器示意图

1—触摸屏　2—按钮　3—摇杆　4—急停按钮

表 6-1-8　示教器校验要求

对象	校验要求
触摸屏	显示正常
按钮	功能正常
摇杆	功能正常

3. 检查控制柜运行状况

控制器正常上电后，示教器上无报警。查看控制器背面的散热风扇是否能够正常运行，如图 6-1-7 所示。

4. 检查安全防护装置运行状况

在遇到紧急的情况时，第一时间应按下急停按钮。ABB 工业机器人的急停按钮分别位于控制柜及示教器上。可以在手动或自动状态下对急停按钮进行测试并复位，确认功能正常。

散热器

图 6-1-7　控制器散热器位置

（三）机器人控制柜维护常用工具

除了常规电工常备的工具及仪表以外，表 6-1-9 中的工具是在对工业机器人控制柜进行维护时会用到的，在开始进行机器人控制柜维护作业前要准备好对应的工具。

表 6-1-9　机器人控制柜常用工具

工具名称及规格	图示
星形螺钉旋具	
一字槽螺钉旋具，刀头规格：4mm、8mm、12mm	
棘轮套筒扳手套装，接杆规格：8mm 系列	
小型螺钉旋具套装	

任务二　生产线故障诊断与排除

学习情境

设备故障是在生产线中常见且易出现的问题点，有诸多的小隐患在平时的检测维护中没有注意到，但它们会导致生产线突发故障并停止运作，若无法及时补救，将会对造成企业不可预估的损失。因此，操作人员必须能够对生产线突发的故障进行诊断与排除，确保生产线能够继续正常运行。

学习目标

1. 知识目标
1）了解机器人常见故障。
2）了解触摸屏常见故障。
3）了解工作站传感器常见故障诊断与排除。

2. 技能目标
1）掌握机器人设备故障查找和排除的方法。
2）掌握触摸屏设备故障查找和排除的方法。
3）掌握几种常见传感器设备故障排除方法。

3. 素养目标
1）严格执行规范，养成严谨科学的工作态度。
2）养成团结协作精神。
3）养成总结训练过程和结果的习惯，为下次训练总结经验。
4）严格执行 6S 现场管理。

本任务对应的任务书、引导问题、计划实施、评价反馈详见本书附册《智能制造生产线装调与维护技能训练活页式工作手册》，请根据教学需要完成对应任务内容。

相关知识点

一、机器人故障诊断与排除

根据智能生产线中所涉及的工业机器人系统的故障现象或产品手册，查找故障并排除。

（一）机器人报警信息识别

ABB 机器人系统具有全面的监控与保护机制。当工业机器人和控制柜发生故障时，示教器界面会显示事件日志，用来显示故障代码、故障信息以及建议的处理方法，方便设备管理人员对故障进行诊断与排除。通过单击界面窗口上的状态栏，可以显示工业机器人的事件日志，如图 6-2-1 所示。

事件中的报警类型见表 6-2-1。

表 6-2-1　报警类型

图标	类型	描述
ℹ	提示	用于将信息记录到事件日志中，但是并不要求用户进行任何特别操作
⚠	警告	用于提醒用户系统上发生了某些无须纠正的事件，操作会继续
✕	出错	表示系统出现了严重错误，操作已经停止。这些消息需要用户立即采取行动进行处理，会影响机器人的运行

（二）机器人报警故障排除

在机器人故障的事件日志中单击具体的报警信息代码，就可以进入到事件消息界面，查看事件消息，如图 6-2-2 所示。

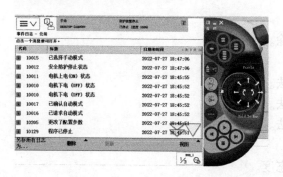

图 6-2-1　工业机器人事件日志　　　　　　　　　　图 6-2-2　事件消息界面

事件消息的组成部分及说明见表 6-2-2。

表 6-2-2　事件消息的组成部分及说明

序号	事件消息组成部分	说明
1	编号	事件消息的编号
2	符号	事件消息的类型
3	名称	事件消息的名称
4	说明	导致事件发生的动作
5	结果	事件发生后工业机器人的状态
6	可能性原因	有可能导致事件的原因
7	动作	消除事件影响的步骤

维修人员可通过 ABB 机器人的《操作员手册——IRC5 故障排除》手册来查找 IRC5 控制器出现的常见报警故障代码及故障排除方法，下面介绍常见报警故障的排除方法，见表 6-2-3。

表 6-2-3　常见报警故障的排除方法

序号	故障代码	故障原因诊断	故障排除方法
1	10036：转数计数器未更新	1. 当转数计数器发生故障，修复后 2. 在转数计数器与测量板之间连接断开过后 3. 在断电状态下，工业机器人的关节轴发生移动时 4. 在更换伺服电动机转数计数器电池后 5. 在第一次安装完工业机器人和控制器，并进行线缆连接后	参照工业机器人产品手册中的步骤对工业机器人重新进行零点校对
2	50028：微动控制方向错误	工业机器人轴位置超出工作范围	使用示教器操纵杆反方向移动关节轴
3	50296：机械手存储器数据差异	在工业机器人和控制柜存储器中非相同的数据或序列号；更换机器人（SMB 电路板）或控制器，或更改系统参数	通过示教器检查状态，并检查是否已将正确的系统参数（序列号）加载入控制器；检查序列号是否属于与控制器连接的工业机器人。如果不属于，需更换配置文件 如果使用来自其他工业机器人（序列号不同）的电路板来更换串口测量板，通过示教器清除第一个工业机器人的存储器，然后从控制器向工业机器人传输数据
4	10014：系统故障状态	故障过多时可能导致此状况	使用示教器检查其他事件日志消息，查看同时发生的其他故障信息 如果一时无法查到原因，可以执行高级重启里面的"恢复到上次自动保存的状态"。如果故障不能恢复，记录开机后的第一个故障，并进行修复
5	10013：紧急停止状态	与紧急停止输入端连接的急停按钮被按下，可能是示教器或控制柜上的急停按钮	释放示教器或控制柜急停按钮，将急停按钮顺时针方向旋转大约45°后松开

二、触摸屏故障诊断与排除

触摸屏是一种比较精密的设备，使用频率很高，但由于操作人员保护意识不强，触摸屏经常出现故障。因此，需要掌握触摸屏故障诊断及排除的方法。

（一）触摸屏通信故障诊断与排除

通信故障的原因一般存在多种可能性，需要从软、硬件两方面去查找故障的原因。触摸屏常见的通信故障与排除方法见表6-2-4。

表 6-2-4　触摸屏常见的通信故障与排除方法

序号	故障现象	故障原因诊断	故障排除方法
1	无法通过触摸屏控制外围设备实现所需动作	触摸屏程序编写错误	重新检查触摸屏程序，根据电路图检查触摸屏程序中与 PLC 关联的信号是否正确
		PLC 程序编写错误	重新检查 PLC 程序，根据电路图检查程序中添加的信号是否正确
		通信线路没有接对或接触不良	根据电气图重新排查网络通信接线，保证网线接线没有错误、接线没有松动

（续）

序号	故障现象	故障原因诊断	故障排除方法
2	通信网线出现破损	网线在布线过程中经过挤压或人为拉扯而破损	直接更换新的网线
3	触摸屏 IP 地址出现错误报警	触摸屏 IP 地址与集成系统网络中其他设备的 IP 地址出现重叠	重新设定触摸屏设备的 IP，保证其与集成系统网络中其他设备的 IP 地址不重叠

（二）触摸屏硬件故障诊断与排除

触摸屏除了会出现通信故障之外，还有可能出现硬件方面的故障。由于触摸屏的屏幕是玻璃材质，而且操作人员接触触摸屏的次数较多，不当操作下的外力因素也可能引起触摸屏的损坏。更换触摸屏屏幕、更换触摸屏电路板等，都需要维修人员掌握一定的电路原理和专业的维修知识。触摸屏常见的硬件故障与排除方法见表6-2-5。

表6-2-5 触摸屏常见的硬件故障与排除方法

序号	故障现象	故障原因诊断	故障排除方法
1	触摸屏触摸不灵	液晶显示和玻璃对应的按钮等位置偏移造成	通过触摸屏系统自带的"校正中心点"功能重新校正触摸屏
2	触摸屏屏幕出现破损	操作人员不当的外力操作导致触摸屏破损	联系生产厂家更换触摸屏屏幕
3	触摸屏液晶屏幕无显示或者显示不正常	触摸屏液晶屏幕老化	联系生产厂家更换触摸屏屏幕
4	触摸屏电路板故障	晶振、外围 IC 等故障	联系生产厂家维修或更换触摸屏电路板

三、传感器故障诊断与排除

（一）光电传感器故障诊断与排除

工作站中采用的位置传感器均为非接触式光电传感器，例如仓储单元、分拣单元都使用了光电传感器，通过光电传感器来实现对物体有无状态的检测。分拣单元分拣道口使用了检测有无轮毂的光电传感器。光电传感器在使用过程中常见的故障及排除方法见表6-2-6。

表6-2-6 光电传感器常见故障及排除方法

序号	故障现象	故障原因诊断	故障排除方法
1	光电传感器无输出信号	供电不正常	给传感器供给稳定的电压，供给的电流必须大于传感器的消耗电流
		检测频率过高	被测物体通过的速度必须比传感器的响应速度慢
		被测物体不在传感器稳定检测区域内	适当调整被测物体的距离，必须在传感器稳定检测范围内检测
		电气干扰	布线时与强电的布线分开；如现场存在辐射干扰，在干扰源与传感器之间插入屏蔽的钢板

（续）

序号	故障现象	故障原因诊断	故障排除方法
2	光电传感器检测到物体后没有输出	接线或者配置不正确	检查硬件接线，对射型光电传感器必须由投光部和受光部组合使用，两端都需要供电 回归反射型光电传感器必须由传感器探头和回归反射板组合使用
		传感器光轴没有对准	对射型光电传感器投光部和受光部光轴必须对准 回归反射型的光电传感器探头部分和反光板光轴必须对准
		检测物体不能小于最小检测物体的标准	对射型、反射型光电传感器不能很好地检测透明物体 反射型光电传感器对检测物体的颜色有要求，颜色越深，检测距离越近
		环境干扰，光照强度不能超出额定范围；现场环境有粉尘	检测周围环境的光照强度，不在日光直射场所使用；定期清理传感器探头表面
		电气干扰，周围有大功率设备	布线时与强电的布线分开；如现场存在辐射干扰，在干扰源与传感器之间插入屏蔽的钢板

（二）压力传感器故障诊断与排除

分拣工作站中的称重单元使用了能够实现称重的压力传感器，压力传感器通过数显仪来对物料的重量进行检测和实时显示，压力传感器故障诊断步骤见表6-2-7。

表 6-2-7　压力传感器故障诊断步骤

序号	诊断步骤
1	完成压力传感器的电气接线与通信接线后，上电
2	观察压力传感器操作界面显示屏，若无数显，需要检查传感器的硬件接线，解决故障；若确认硬件接线无问题，连接线缆也无问题，须联系产品售后人员进行维修
3	完成压力传感器的参数设置后，可以进行称重测试，若显示数值与实际估算值差距较大，则须参照产品手册完成称重参数、校准参数的重新设置

（三）磁感应开关故障诊断与排除

磁感应开关安装在工作站的气缸上面，气缸里面安装有磁环，当气缸到位后磁环给磁感应开关信息，从而使磁感应开关导通。磁环位置示意图如图6-2-3所示。

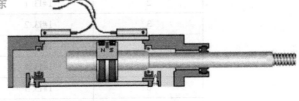

图 6-2-3　磁环位置示意图

气缸磁感应开关一般会出现的故障就是气缸到位后，磁感应开关不亮，没有输出。出现这种故障的原因及排除方法见表6-2-8。

表 6-2-8　磁感应开关不亮故障原因诊断与排除方法

序号	故障原因诊断	故障排除方法
1	接线不正确	磁感应开关有三线制和两线制，请注意正确接线
2	磁感应开关没有安装在气缸磁环位置	移动气缸磁环位置
3	磁感应开关损坏	更换新的磁感应开关

附 录

附录 A　智能分拣工作站 I/O 表

表 A-1　PLC 输入信号地址分配

模块	序号	地址	功能注解	备注
主单元 CPU 1212C	1	1#I0.0	旋转步进原点	U 槽
	2	1#I0.1	CCD 位感应	漫反射对射
	3	1#I0.2	上料步进正限	U 槽
	4	1#I0.3	上料步进原点	U 槽
	5	1#I0.4	上料步进负限	U 槽
	6	1#I0.5	移裁伺服正限	U 槽
	7	1#I0.6	移裁伺服原点	U 槽
	8	1#I0.7	移裁伺服负限	U 槽
华太模块 FR1108_1	1	1#I3.0	移裁伺服报警	I/O
	2	1#I3.1	启动按钮	按钮
	3	1#I3.2	停止按钮	按钮
	4	1#I3.3	复位按钮	按钮
	5	1#I3.4	急停按钮	按钮
	6	1#I3.5	手/自动开关	旋钮
	7	1#I3.6	AGV 到位检测	漫反射对射
	8	1#I3.7	定位气缸前限	磁环
华太模块 FR1108_2	9	1#I4.0	定位气缸后限	磁环
	10	1#I4.1	升降气缸上限	磁环
	11	1#I4.2	升降气缸下限	磁环
	12	1#I4.3	滚筒前感应	漫反射
	13	1#I4.4	滚筒后感应	漫反射

（续）

模块	序号	地址	功能注解	备注
华太模块 FR1108_2	14	1#I4.5	取料气缸夹紧	磁环
	15	1#I4.6	取料气缸松开	磁环
	16	1#I4.7	夹紧气缸夹紧	磁环
华太模块 FR1108_3	17	1#I5.0	夹紧气缸松开	磁环
	18	1#I5.1	滑台气缸前限	磁环
	19	1#I5.2	滑台气缸后限	磁环
	20	1#I5.3	RFID 推料前限	磁环
	21	1#I5.4	RFID 推料后限	磁环
	22	1#I5.5	RFID 芯片检测	光纤
	23	1#I5.6	RFID 装配气缸上限	磁环
	24	1#I5.7	RFID 装配气缸下限	磁环
华太模块 FR1108_4	25	1#I6.0	RFID 测头气缸前限	磁环
	26	1#I6.1	RFID 测头气缸后限	磁环
	27	1#I6.2	小齿轮料塔前限	磁环
	28	1#I6.3	小齿轮料塔后限	磁环
	29	1#I6.4	大齿轮料塔前限	磁环
	30	1#I6.5	大齿轮料塔后限	磁环
	31	1#I6.6	翻转到位检测	漫反射
	32	1#I6.7	小齿轮料塔物料检测	漫反射
华太模块 FR1108_5	33	1#I7.0	大齿轮料塔物料检测	漫反射
	34	1#I7.1	物料上升到位检测	漫反射
	35	1#I7.2	前皮带末端气缸前限	磁环
	36	1#I7.3	前皮带末端气缸后限	磁环
	37	1#I7.4	前皮带末端检测	漫反射
	38	1#I7.5	后皮带末端气缸前限	磁环
	39	1#I7.6	后皮带末端气缸后限	磁环
	40	1#I7.7	后皮带末端检查	漫反射
华太模块 FR1118_6	41	1#I8.0	DO0	运行
	42	1#I8.1	DO1	启动
	43	1#I8.2	DO2	错误
	44	1#I8.3	DO3	操作权
	45	1#I8.4	DO4	备用
	46	1#I8.5	DO5	备用
	47	1#I8.6	DO6	备用
	48	1#I8.7	DO7	备用

（续）

模块	序号	地址	功能注解	备注
	49	1#I9.0	DO8	伺服请求1
	50	1#I9.1	DO9	伺服请求2
	51	1#I9.2	DO10	行星齿轮出料请求
华太模块 FR1118_7	52	1#I9.3	DO11	太阳轮出料请求
	53	1#I9.4	DO12	称重请求
	54	1#I9.5	DO13	放料请求
	55	1#I9.6	DO14	齿轮放置完成
	56	1#I9.7	DO15	皮带动条件

表 A-2 PLC 输出信号地址分配

模块	序号	地址	功能注解	备注
	1	1#Q0.0	滚筒步进_脉冲	100
	2	1#Q0.1	上料步进_脉冲	100
主单元 CPU 1212C	3	1#Q0.2	移栽伺服_脉冲	
	4	1#Q0.3	旋转步进_脉冲	
	5	1#Q0.4	上料步进_方向	
	6	1#Q0.5	移栽伺服_方向	
	1	1#Q3.0	移栽伺服复位	
	2	1#Q3.1	滚筒步进方向	
	3	1#Q3.2	上料步进刹车	常开继电器 K1
华太模块 FR2100_1	4	1#Q3.3	前皮带调速	常开继电器 K2
	5	1#Q3.4	后皮带调速	常开继电器 K3
	6	1#Q3.5	旋转步进方向	
	7	1#Q3.6	备用	
	8	1#Q3.7	移栽伺服使能	
	9	1#Q4.0	三色灯_绿灯	
	10	1#Q4.1	三色灯_黄灯	
	11	1#Q4.2	三色灯_红灯	
华太模块 FR2108_2	12	1#Q4.3	三色灯_报警	
	13	1#Q4.4	定位气缸夹紧	
	14	1#Q4.5	定位气缸松开	
	15	1#Q4.6	升降气缸（旋转）升	
	16	1#Q4.7	升降气缸（旋转）降	
	17	1#Q5.0	备用	备用
华太模块 FR2108_3	18	1#Q5.1	备用	备用
	19	1#Q5.2	取料气缸夹紧	

（续）

模块	序号	地址	功能注解	备注
华太模块 FR2108_3	20	1#Q5.3	取料气缸松开	
	21	1#Q5.4	夹紧气缸夹紧	
	22	1#Q5.5	夹紧气缸松开	
	23	1#Q5.6	滑台气缸	
	24	1#Q5.7	RFID 推料气缸	
华太模块 FR2108_4	25	1#Q6.0	RFID 装配气缸	
	26	1#Q6.1	RFID 测头气缸	
	27	1#Q6.2	备用	
	28	1#Q6.3	小齿轮料塔气缸	
	29	1#Q6.4	大齿轮料塔气缸	
	30	1#Q6.5	前皮带末端气缸	
	31	1#Q6.6	后皮带末端气缸	
	32	1#Q6.7	备用	
华太模块 FR2118_5	33	1#Q7.0	DI0	停止
	34	1#Q7.1	DI1	备用
	35	1#Q7.2	DI2	复位
	36	1#Q7.3	DI3	启动
	37	1#Q7.4	DI4	操作权
	38	1#Q7.5	DI5	齿轮到达拍照位
	39	1#Q7.6	DI6	程序复位
	40	1#Q7.7	DI7	备用
华太模块 FR2118_6	41	1#Q8.0	DI8	伺服到位 1
	42	1#Q8.1	DI9	伺服到位 2
	43	1#Q8.2	DI10	行星齿轮出料完成
	44	1#Q8.3	DI11	太阳轮出料完成
	45	1#Q8.4	DI12	称重完成
	46	1#Q8.5	DI13	放料允许
	47	1#Q8.6	DI14	备用
	48	1#Q8.7	DI15	备用

表 A-3　机器人输入 I/O 分配

地址	机器人输入	标签	描述	对应关系
20C	0	In0	停止	PLC –> RB
19C	1	In1		PLC –> RB
18C	2	In2	复位	PLC –> RB

（续）

地址	机器人输入	标签	描述	对应关系
17C	3	In3	启动	PLC -> RB
16C	4	In4	操作权	PLC -> RB
15C	5	In5	齿轮到达拍照位	PLC -> RB
14C	6	In6	程序复位	PLC -> RB
13C	7	In7	真空检知	RB
12C	8	In8	伺服到位1	PLC -> RB
11C	9	In9	伺服到位2	PLC -> RB
10C	10	In10	行星齿轮出料完成	PLC -> RB
9C	11	In11	太阳轮出料完成	PLC -> RB
8C	12	In12	称重完成	PLC -> RB
7C	13	In13	放料允许	PLC -> RB
1C	14	0V		

表 A-4　机器人输出 I/O 分配

地址	机器人输出	标签	描述	对应关系
20D	0	out0	运行	RB -> PLC
19D	1	out1	启动	RB -> PLC
18D	2	out2	错误	RB -> PLC
17D	3	out3	操作权	RB -> PLC
16D	4	out4		
15D	5	out5		
14D	6	out6		
13D	7	out7（CY_2）	真空	RB
12D	8	out8	伺服请求1	RB -> PLC
11D	9	out9	伺服请求2	RB -> PLC
10D	10	out10	行星齿轮出料请求	RB -> PLC
9D	11	out11	太阳轮出料请求	RB -> PLC
8D	12	out12	称重请求	RB -> PLC
7D	13	out13	放料请求	RB -> PLC
6D	14	out14	齿轮放置完成	RB -> PLC
1D	15	24V		

附录 B 智能组装工作站 I/O 表

表 B-1 PLC_1 输入信号地址分配表

模块	序号	地址	功能注解	备注
主单元 CPU 1212C－1	1	1#I0.0	滚筒 1 前感应	漫反射
	2	1#I0.1	滚筒 1 后感应	漫反射
	3	1#I0.2	上料 1 步进正限	U 槽
	4	1#I0.3	上料 1 步进原点	U 槽
	5	1#I0.4	上料 1 步进负限	U 槽
	6	1#I0.5	移栽伺服正限	U 槽
	7	1#I0.6	移栽伺服原点	U 槽
	8	1#I0.7	移栽伺服负限	U 槽
华太模块 FR1108_1	1	1#I3.0	移栽伺服报警	I/O
	2	1#I3.1	启动按钮	按钮
	3	1#I3.2	停止按钮	按钮
	4	1#I3.3	复位按钮	按钮
	5	1#I3.4	急停按钮	按钮
	6	1#I3.5	手/自动开关	旋钮
	7	1#I3.6	AGV 到位检测	漫反射对射
	8	1#I3.7	定位 1 气缸前限	磁环
华太模块 FR1108_2	9	1#I4.0	定位 1 气缸后限	磁环
	10	1#I4.1	备用	
	11	1#I4.2	横移气缸前限	磁环
	12	1#I4.3	横移气缸后限	磁环
	13	1#I4.4	升降气缸上限	磁环
	14	1#I4.5	升降气缸下限	磁环
	15	1#I4.6	夹料气缸夹紧位	磁环
	16	1#I4.7	夹料气缸松开位	磁环
华太模块 FR1108_3	17	1#I5.0	齿轮组装区检测位	漫反射
	18	1#I5.1	笔形气缸 1 上限	磁环
	19	1#I5.2	笔形气缸 2 上限	磁环
	20	1#I5.3	直震 1 末端检测	光纤
	21	1#I5.4	直震 2 末端检测	光纤
	22	1#I5.5	盖板有料检测	漫反射
	23	1#I5.6	盖板到位检测	光纤
	24	1#I5.7	定位 2 气缸前限	磁环

（续）

模块	序号	地址	功能注解	备注
华太模块 FR1108_4	25	1#I6.0	定位2气缸后限	磁环
	26	1#I6.1	物料1上升到位检测	漫反射
	27	1#I6.2	物料2上升到位检测	漫反射
	28	1#I6.3	移栽伺服前段检测	漫反射
	29	1#I6.4	移栽伺服组装区检测	漫反射
	30	1#I6.5	Ready（准备）	DO_00
	31	1#I6.6	Running（运行）	DO_01
	32	1#I6.7	EError（系统错误）	DO_02
华太模块 FR1108_5	33	1#I7.0	组信号	DO_10
	34	1#I7.1		DO_11
	35	1#I7.2		DO_12
	36	1#I7.3		DO_13
	37	1#I7.4		DO_14
	38	1#I7.5		DO_15
	39	1#I7.6	备用	
	40	1#I7.7	备用	

表 B-2　PLC_1 输出信号地址分配表

模块	序号	地址	功能注解	备注
主单元 CPU1212C-1	1	1#Q0.0	滚筒1步进_脉冲	100W-P2401
	2	1#Q0.1	上料1步进_脉冲	100W-P2401
	3	1#Q0.2	移栽伺服_脉冲	
	4	1#Q0.3	滚筒1步进_方向	
	5	1#Q0.4	上料1步进_方向	
	6	1#Q0.5	移栽伺服_方向	
华太模块 FR2108_1	1	1#Q3.0	移栽伺服复位	
	2	1#Q3.1	上料2步进刹车	常开继电器K2
	3	1#Q3.2	上料1步进刹车	常开继电器K1
	4	1#Q3.3	备用	
	5	1#Q3.4	夹料气缸	
	6	1#Q3.5	备用	
	7	1#Q3.6	备用	
	8	1#Q3.7	移栽伺服使能	

（续）

模块	序号	地址	功能注解	备注
华太模块 FR2108_2	9	1#Q4.0	三色灯_绿灯	
	10	1#Q4.1	三色灯_黄灯	
	11	1#Q4.2	三色灯_红灯	
	12	1#Q4.3	三色灯_报警	
	13	1#Q4.4	定位1气缸夹紧	
	14	1#Q4.5	定位1气缸松开	
	15	1#Q4.6	横移气缸推出	
	16	1#Q4.7	横移气缸缩回	
华太模块 FR2108_3	17	1#Q5.0	升降气缸升	
	18	1#Q5.1	升降气缸降	
	19	1#Q5.2	笔形气缸1	
	20	1#Q5.3	笔形气缸2	
	21	1#Q5.4	备用	
	22	1#Q5.5	备用	
	23	1#Q5.6	定位2气缸夹紧	
	24	1#Q5.7	定位2气缸松开	
华太模块 FR2108_4	25	1#Q6.0	Start_MotorOn（启动1）	DI_00
	26	1#Q6.1	Start_ToMain（启动2）	DI_01
	27	1#Q6.2	Stop（停止）	DI_02
	28	1#Q6.3	Re_Set（重置）	DI_03
	29	1#Q6.4	组信号	DI_10
	30	1#Q6.5		DI_11
	31	1#Q6.6		DI_12
	32	1#Q6.7		DI_13
华太模块 FR2108_5	33	1#Q7.0		DI_14
	34	1#Q7.1		DI_15
	35	1#Q7.2	备用	
	36	1#Q7.3	备用	
	37	1#Q7.4	备用	
	38	1#Q7.5	备用	
	39	1#Q7.6	备用	
	40	1#Q7.7	备用	

表 B-3　PLC_2 输入信号地址分配

模块	序号	地址	功能注解	备用
主单元 CPU 1212C - 2	1	2#I0.0	滚筒 2 前感应	漫反射
	2	2#I0.1	滚筒 2 后感应	漫反射
	3	2#I0.2	上料 2 步进正限	U 槽
	4	2#I0.3	上料 2 步进原点	U 槽
	5	2#I0.4	上料 2 步进负限	U 槽
	6	2#I0.5	盖板步进正限	U 槽
	7	2#I0.6	盖板步进原点	U 槽
	8	2#I0.7	盖板步进负限	U 槽

表 B-4　PLC_2 输出信号地址分配

模块	序号	地址	功能注解	备用
主单元 CPU 1212C - 2	1	2#Q0.0	滚筒 2 步进_脉冲	100W - P2402
	2	2#Q0.1	上料 2 步进_脉冲	100W - P2402
	3	2#Q0.2	盖板步进_脉冲	
	4	2#Q0.3	滚筒 2 步进_方向	
	5	2#Q0.4	上料 2 步进_方向	
	6	2#Q0.5	盖板步进_方向	

表 B-5　机器人输入 I/O 分配

地址	机器人输入	标签	描述	对应关系
1	0	Start_MotorOn（启动 1）	Motor On	PLC -> RB
2	1	Start_ Tomain（启动 2）	Start at Main	PLC -> RB
3	2	Stop（停止）	Soft Stop	PLC -> RB
4	3	Re_ set（重置）	Reset Execution Error Signal	PLC -> RB
5	4	CY_Sen1	夹具检知 1	RB
6	5	CY_Sen2	夹具检知 2	RB
7	6	CY_Sen3	夹具检知 3	RB
8	7	Screw	螺钉批扭矩	RB
9	Com	0V	0	
10	NC	NC	Input（0~15）共点	
11	8	QuickChangeSen	快换工具检知	RB
12	9	VAC_ Sen1	吸螺钉检知	RB
13	10			
14	11			
15	12	GI_Program	组信号（0~63）	PLC -> RB
16	13			
17	14			
18	15			

（续）

地址	机器人输入	标签	描述	对应关系
19	Com	0V	Input（0～15）共点	
20	NC	NC	Input（0～15）共点	

表 B-6　机器人输出 I/O 分配

地址	机器人输出	标签	描述	对应关系
1	0	Ready（准备）	Motor Off State	RB –> PLC
2	1	Running（运行）	TaskExecuting	RB –> PLC
3	2	EError（系统错误）	Execution Error	RB –> PLC
4	3	QuickChange	快换	RB
5	4	CY_ 1	夹具	RB
6	5	CY_ 2	真空	RB
7	6	CY_ 3	螺钉批启动	
8	7			
9	Com	0V	Output（0～15）共点	
10	Com	24V	Output（0～15）共点	
11	8			
12	9			
13	10			
14	11			
15	12	GO_Program	组信号（0～63）	RB –> PLC
16	13			
17	14			
18	15			
19	Com	0V	Output（0～15）共点	
20	Com	24V	Output（0～15）共点	

附录 C　智能检测工作站 I/O 表

表 C-1　PLC 输入信号地址分配

模块	序号	地址	功能注解	备注
主单元 CPU 1212C	1	1#I0.0	滚筒前感应	漫反射
	2	1#I0.1	滚筒后感应	漫反射
	3	1#I0.2	上料步进正限	U 槽
	4	1#I0.3	上料步进原点	U 槽
	5	1#I0.4	上料步进负限	U 槽
	6	1#I0.5	移栽伺服正限	U 槽

（续）

模块	序号	地址	功能注解	备注
主单元 CPU 1212C	7	1#I0.6	移栽伺服原点	U 槽
	8	1#I0.7	移栽伺服负限	U 槽
华太模块 FR1108_1	1	1#I3.0	移栽伺服报警	I/O
	2	1#I3.1	启动按钮	按钮
	3	1#I3.2	停止按钮	按钮
	4	1#I3.3	复位按钮	按钮
	5	1#I3.4	急停按钮	按钮
	6	1#I3.5	手/自动开关	旋钮
	7	1#I3.6	AGV 到位检测	漫反射对射
	8	1#I3.7	定位气缸前限	磁环
华太模块 FR1108_2	9	1#I4.0	定位气缸后限	磁环
	10	1#I4.1	旋转伺服报警	IO
	11	1#I4.2	伺服滑台气缸前限	磁环
	12	1#I4.3	伺服滑台气缸后限	磁环
	13	1#I4.4	发电机滑台气缸后限	磁环
	14	1#I4.5	发电机滑台气缸前限	磁环
	15	1#I4.6	检测位感应	漫反射
	16	1#I4.7	保护罩感应	漫反射
华太模块 FR1108_3	17	1#I5.0	备用	
	18	1#I5.1	备用	
	19	1#I5.2	备用	
	20	1#I5.3	备用	
	21	1#I5.4	激光雕刻到位检测	漫反射
	22	1#I5.5	物料上升到位检测	漫反射
	23	1#I5.6	Ready（准备）	DO_00
	24	1#I5.7	Running（运行）	DO_01
华太模块 FR1108_4	25	1#I6.0	EError（系统错误）	DO_02
	26	1#I6.1		DO_10
	27	1#I6.2		DO_11
	28	1#I6.3	组信号	DO_12
	29	1#I6.4		DO_13
	30	1#I6.5		DO_14
	31	1#I6.6		DO_15
	32	1#I6.7	备用	

表 C-2　PLC 输出信号地址分配

模块	序号	地址	功能注解	备注
主单元 CPU 1212C	1	1#Q0.0	滚筒步进_脉冲	100W
	2	1#Q0.1	上料步进_脉冲	100W
	3	1#Q0.2	移栽伺服_脉冲	
	4	1#Q0.3	旋转伺服_脉冲	
	5	1#Q0.4	上料步进_方向	
	6	1#Q0.5	移栽伺服_方向	
华太模块 FR2108_1	1	1#Q3.0	移栽伺服复位	
	2	1#Q3.1	滚筒步进_方向	
	3	1#Q3.2	上料步进刹车	继电器 K1
	4	1#Q3.3	旋转伺服_方向	
	5	1#Q3.4	旋转伺服复位	
	6	1#Q3.5	伺服滑台气缸推出	
	7	1#Q3.6	伺服滑台气缸缩回	
	8	1#Q3.7	备用	
华太模块 FR2108_2	9	1#Q4.0	三色灯_绿灯	
	10	1#Q4.1	三色灯_黄灯	
	11	1#Q4.2	三色灯_红灯	
	12	1#Q4.3	三色灯_报警	
	13	1#Q4.4	定位1气缸夹紧	
	14	1#Q4.5	定位1气缸松开	
	15	1#Q4.6	发电机滑台气缸推出	
	16	1#Q4.7	发电机滑台气缸缩回	
华太模块 FR2108_3	17	1#Q5.0	单片机 LED 灯启动	继电器 K2
	18	1#Q5.1	发电动机启动	
	19	1#Q5.2	发电指示红/绿灯	
	20	1#Q5.3	激光雕刻启动	
	21	1#Q5.4	LED 灯带启动	
	22	1#Q5.5	LED 屏电源	
	23	1#Q5.6	单片机3	
	24	1#Q5.7	备用	
华太模块 FR2108_4	25	1#Q6.0	DI_00	Start_MotorOn（启动1）
	26	1#Q6.1	DI_01	Start_Tomain（启动2）
	27	1#Q6.2	DI_02	Stop（停止）
	28	1#Q6.3	DI_03	Re_set（重置）

（续）

模块	序号	地址	功能注解	备注
华太模块 FR2108_4	29	1#Q6.4	DI_10	组信号
	30	1#Q6.5	DI_11	
	31	1#Q6.6	DI_12	
	32	1#Q6.7	DI_13	
	33	1#Q7.0	DI_14	
	34	1#Q7.1	DI_15	
华太模块 FR2108_5	35	1#Q7.2	备用	
	36	1#Q7.3	备用	
	37	1#Q7.4	移栽伺服使能	
	38	1#Q7.5	旋转伺服使能	
	39	1#Q7.6	备用	
	40	1#Q7.7	备用	

表 C-3　机器人输入 I/O 分配

地址	机器人输入	标签	描述	对应关系
1	0	Start_MotorOn（启动1）	Motor On	PLC -> RB
2	1	Start_Tomain（启动2）	Start at Main	PLC -> RB
3	2	Stop（停止）	Soft Stop	PLC -> RB
4	3	Re_set（重置）	Reset Execution Error Signal	PLC -> RB
5	4	CY1_Sen_Open	夹具1打开限位	RB
6	5	CY1_Sen_Close	夹具1关闭限位	RB
7	6	CY2_Sen_Open	夹具2打开限位	RB
8	7	CY2_Sen_Close	夹具2关闭限位	RB
9	Com	0V	0	
10	NC	NC	Input（0~15）共点	
11	8			
12	9			
13	10			
14	11			
15	12	GI_Program	组信号（0~63）	PLC -> RB
16	13			
17	14			
18	15			
19	Com	0V	Input（0~15）共点	
20	NC	NC	Input（0~15）共点	

表 C-4　机器人输出 I/O 分配

地址	机器人输出	标签	描述	对应关系
1	0	Ready（准备）	Motor Off State	RB –> PLC
2	1	Running（运行）	TaskExecuting	RB –> PLC
3	2	EError（系统错误）	Execution Error	RB –> PLC
4	3			
5	4	CY_1	夹具 1	RB
6	5	CY_2	夹具 2	RB
7	6			
8	7			
9	Com	0V	Output（0 ~ 15）共点	
10	Com	24V	Output（0 ~ 15）共点	
11	8			
12	9			
13	10			
14	11			
15	12	GO_Program	组信号（0 ~ 63）	RB –> PLC
16	13			
17	14			
18	15			
19	Com	0V	Output（0 ~ 15）共点	
20	Com	24V	Output（0 ~ 15）共点	

附录 D　智能仓储工作站 I/O 表

表 D-1　PLC_1 输入信号地址分配

模块	序号	地址	功能注解	备注
主单元 CPU1212C – 1	1	1#I0.0	滚筒前感应	漫反射
	2	1#I0.1	滚筒后感应	漫反射
	3	1#I0.2	上料步进正限	U 槽
	4	1#I0.3	上料步进原点	U 槽
	5	1#I0.4	上料步进负限	U 槽
	6	1#I0.5	X 料步进正限	U 槽
	7	1#I0.6	X 料步进原点	U 槽
	8	1#I0.7	X 料步进负限	U 槽
华太模块 FR1108_1	1	1#I3.0	光栅	光栅
	2	1#I3.1	启动按钮	按钮
	3	1#I3.2	停止按钮	按钮

（续）

模块	序号	地址	功能注解	备注
华太模块 FR1108_1	4	1#I3.3	复位按钮	按钮
	5	1#I3.4	急停按钮	按钮
	6	1#I3.5	手/自动开关	旋钮
	7	1#I3.6	AGV 到位检测	漫反射对射
	8	1#I3.7	定位气缸前限	磁环
扩展 IO 模块 SM 1221		1#I8.0	定位气缸后限	磁环
		1#I8.1	仓储 1 有料检测	漫反射
		1#I8.2	仓储 2 有料检测	漫反射
		1#I8.3	仓储 3 有料检测	漫反射
		1#I8.4	仓储 4 有料检测	漫反射
		1#I8.5	旋转正旋位	磁环
		1#I8.6	旋转反旋位	磁环
		1#I8.7	物料上升到位检测	漫反射
		1#I9.0	夹爪气缸夹紧	磁环
		1#I9.1	夹爪气缸松开	磁环
		1#I9.2	旋转盘到位检测	漫反射
		1#I9.3	备用	
		1#I9.4	备用	
		1#I9.5	备用	
		1#I9.6	备用	
		1#I9.7	备用	

表 D-2 PLC_1 输出信号地址分配

模块	序号	地址	功能注解	备注
主单元 CPU1212C - 1	1	1#Q0.0	滚筒步进_脉冲	100W - P2401
	2	1#Q0.1	上料步进_脉冲	100W - P2401
	3	1#Q0.2	X 轴步进_脉冲	100W - P2401
	4	1#Q0.3	滚筒步进_方向	
	5	1#Q0.4	上料步进_方向	
	6	1#Q0.5	X 轴步进_方向	
华太模块 FR2108_1	1	1#Q3.0	夹爪气缸夹紧	
	2	1#Q3.1	夹爪气缸松开	
	3	1#Q3.2	上料步进刹车	继电器 K1
	4	1#Q3.3	旋转气缸正旋	
	5	1#Q3.4	绿灯 1	
	6	1#Q3.5	绿灯 2	

（续）

模块	序号	地址	功能注解	备注
华太模块 FR2108_1	7	1#Q3.6	绿灯3	
	8	1#Q3.7	绿灯4	
华太模块 FR2108_2	9	1#Q4.0	三色灯_绿灯	
	10	1#Q4.1	三色灯_黄灯	
	11	1#Q4.2	三色灯_红灯	
	12	1#Q4.3	三色灯_报警	
	13	1#Q4.4	定位1气缸夹紧	
	14	1#Q4.5	定位1气缸松开	
	15	1#Q4.6	Z轴步进刹车	继电器K2
	16	1#Q4.7	旋转气缸反旋	
华太模块 FR2108_3	9	1#Q5.0	红灯1	
	10	1#Q5.1	红灯2	
	11	1#Q5.2	红灯3	
	12	1#Q5.3	红灯4	
	13	1#Q5.4	备用	
	14	1#Q5.5	备用	
	15	1#Q5.6	备用	
	16	1#Q5.7	备用	

表 D-3　PLC_2 输入信号地址分配

模块	序号	地址	功能注解	备用
主单元 CPU1212C-2	1	2#I0.0	Z料步进负限	U槽
	2	2#I0.1	U料步进原点	U槽
	3	2#I0.2	U料步进负限	U槽
	4	2#I0.3	Y料步进正限	U槽
	5	2#I0.4	Y料步进原点	U槽
	6	2#I0.5	Y料步进负限	U槽
	7	2#I0.6	Z料步进正限	U槽
	8	2#I0.7	Z料步进原点	U槽

表 D-4　PLC_2 输出信号地址分配

模块	序号	地址	功能注解	备用
主单元 CPU1212C-2	1	2#Q0.0	Z轴步进_脉冲	100W-P2402
	2	2#Q0.1	U轴步进_脉冲	100W-P2402
	3	2#Q0.2	Y轴步进_脉冲	
	4	2#Q0.3	U轴步进_方向	
	5	2#Q0.4	Z轴步进_方向	
	6	2#Q0.5	Y轴步进_方向	

附录 E 生产线维护常用表

表 E-1 工业机器人 IRB120 日常点检

类别	编号	检查项目	要求标准	方法	1	2	3	4	5	6	7	8	9	10	11	12	13	14	15	16	17	18	19	20	21	22	23	24	25	26	27	28	29	30	31
点检	1	工业机器人本体及控制柜清洁，四周无杂物	无灰尘异物	擦拭																																
	2	保持通风良好	清洁无污染	测																																
	3	示教器屏幕显示是否正常	显示正常	看																																
	4	示教器控制器是否正常	正常控制工业机器人	试																																
	5	检查安全防护装置是否运作正常，急停按钮是否正常等	安全装置运作正常	测试																																
	6	气管、接头、气阀有无漏气	密封性完好，无漏气	听，看																																
	7	检查电动机运转声音是否异常	无异常声响	听																																
确认人签字																																				
备注	日常点检要求每日开工前进行，维护正常画"√"；使用异常画"△"；设备未运行画"/"																																		

表 E-2　工业机器人 IRB120 定期点检

类别	编号	检查项目	1	2	3	4	5	6	7	8	9	10	11	12
定期①点检	1	清洁工业机器人												
	2	检查工业机器人线缆②												
	3	检查轴1机械限位③												
	4	检查轴2机械限位③												
	5	检查轴3机械限位③												
	6	检查塑料盖												
		确认人签字												
每12个月	7	检查信息标签												
		确认人签字												
每36个月	8	检查同步带												
		确认人签字												
	9	更换电池组④												
		确认人签字												

注: 设备点检, 维护正常画 "√"; 使用异常画 "△"; 设备未运行画 "／"。

① "定期" 意味着要定期执行相关活动, 但以不遵守工业机器人制造商的规定。此间隔取决于工业机器人的操作周期、工作环境和运动模式。通常, 环境污染越严重, 运动模式越苛刻 (电缆线束弯曲越历害), 检查间隔越短。

② 工业机器人布线包含工业机器人与控制柜之间的布线。如果发现有损坏或裂缝, 或即将达到寿命, 应更换。

③ 如果机械限位被撞到, 应立即检查。

④ 电池的剩余后备电量 (工业机器人电源关闭) 不足 2 个月时, 将显示电池低电量警告 (38213 电池电量低)。通常, 如果工业机器人电源每周关闭 2 天, 则新电池的使用寿命为 36 个月; 而如果工业机器人电源每天关闭 16h, 则新电池的使用寿命为 18 个月。对于较长时间的生产中断, 通过电池关闭服务例行程序可延长电池使用寿命 (大约 3 倍)。

表 E-3 标准型控制柜 IRC5 日常点检

类别	编号	检查项目	要求标准	方法	1	2	3	4	5	6	7	8	9	10	11	12	13	14	15	16	17	18	19	20	21	22	23	24	25	26	27	28	29	30	31
日点检	1	控制柜清洁,四周无杂物	无灰尘异物	擦拭																															
	2	保持通风良好	清洁无污染	看																															
	3	示教器功能是否正常	显示正常	看																															
	4	控制器运行是否正常	正常控制工业机器人	看																															
	5	检查安全防护装置是否运作正常,急停按钮是否正常等	安全装置运作正常	测试																															
	6	检查按钮/开关功能	功能正常	测试																															
	7																																		
确认人签字																																			
备注	日点检要求每日开工前进行 设备点检、维护正常画"√";使用异常画"△";设备未运行画"/"																																		

188

表 E-4　标准型控制柜 IRC5 定期点检

类别	编号	检查项目	1	2	3	4	5	6	7	8	9	10	11	12
定期①点检	1	清洁示教器												
		确认人签字												
每 6 个月	2	散热风扇的检查												
		确认人签字												
	3	清洁散热风扇												
	4	清洁控制器内部												
每 12 个月	5	检查上电接触器 K42、K43												
	6	检查刹车接触器 K44												
	7	检查安全回路												
		确认人签字												

注：设备点检、维护正常画 "√"；使用异常画 "△"；设备未运行画 "/"。

① "定期" 意味着要定期执行相关活动，但实际的间隔可以不遵守工业机器人制造商的规定。此间隔取决于工业机器人的操作周期、工作环境和运动模式。通常来说，环境的污染越严重，运动模式越苛刻（电缆线束弯曲越厉害），检查间隔也越短。

参 考 文 献

［1］　林燕文，魏志丽．工业机器人系统集成与应用［M］．北京：机械工业出版社，2018．
［2］　强锋，李友节，苏建．工业机器人系统集成［M］．南京：江苏凤凰教育出版社，2019．
［3］　智通教育教材编写组．工业机器人与 PLC 通信实战教程［M］．北京：机械工业出版社，2020．
［4］　黄玉兰．物联网射频识别（RFID）核心技术详解［M］．3 版．北京：人民邮电出版社，2016．
［5］　朱铎先，赵敏．机·智：从数字化车间走向智能制造［M］．北京：机械工业出版社，2018．
［6］　葛英飞．智能制造技术基础［M］．北京：机械工业出版社，2019．

职业教育智能制造领域
高素质技术技能人才培养系列教材

机电类专业交流群
群号：635197075

机工教育微信服务号

策划编辑◎冯睿娟 / 封面设计◎王旭

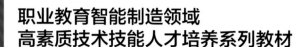

职业教育智能制造领域
高素质技术技能人才培养系列教材

智能制造生产线
装调与维护

技能训练活页式工作手册

朱秀丽　李成伟　刘培超　◎主编

机械工业出版社
CHINA MACHINE PRESS